滇南乡土
园林树木

段晓梅　樊国盛／主编

科学出版社

北京

内 容 简 介

本书选择具有滇南特色的乡土园林树木共165种，书中分别介绍了所选乡土园林树木的学名、别名、所属科属、识别特征、生态习性、分布情况、观赏特性、园林用途、繁殖方法及栽培技术，并附有600余张高清晰彩色照片，每种树木都尽可能配有植物的本真形态和观赏特征。

全书图文对照，让读者在欣赏植物的同时，又能全面了解园林应用的基础知识，具有较强的可读性、观赏性和实用性。本书可供风景园林高校师生、科研人员、城乡绿化专业人员，苗木生产技术人员等使用。

图书在版编目（CIP）数据

滇南乡土园林树木 / 段晓梅，樊国盛主编. -- 北京：科学出版社， 2016.10
ISBN 978-7-03-050076-2

Ⅰ. ①滇… Ⅱ. ①段… ②樊… Ⅲ. ①园林树木－云南－图集 Ⅳ. ①S68-64

中国版本图书馆CIP数据核字（2016）第228688号

责任编辑：杨 岭 刘 琳／责任校对：刘 琳
责任印制：余少力／封面设计：墨创文化

科 学 出 版 社 出版
北京东黄城根北街16号
邮政编码：100717
http://www.sciencep.com
成都锦瑞印刷有限责任公司 印刷
科学出版社发行 各地新华书店经销
＊

2016年10月第 一 版 开本787*1092 1/16
2016年10月第一次印刷 印张：18.25
字数：430千字
定价：218.00元
（如有印装质量问题，我社负责调换）

编者名单

主编／段晓梅　樊国盛

编委／陆　敏　谭　冬　江燕辉

　　　杨茗琪　刘　佳　明　珠

　　　李　煜

照片／段晓梅　段方俊

前言
QIANYAN

　　滇南地处热带植物区系与温带植物区系交汇区域，植物多样性极其丰富，乡土园林树木种类繁多，在城乡园林绿化中应用价值高。

　　滇南少数民族众多，民族植物文化底蕴深厚，在素有"植物王国"美誉，正在建设旅游大省的云南，充分利用乡土园林树木塑造滇南地域和民族植物文化特色，是本书编辑的初衷，期望本书能为滇南城乡园林绿化建设，尤其是乡土园林树木的推广应用起到一定帮助和促进作用。

　　本书选择具有滇南特色的乡土园林树木共 165 种，考虑到本书的实用性，按树木的生态习性分为四类：常绿大乔木、常绿小乔木，落叶大乔木、落叶小乔木，其下再按裸子植物、被子植物分类，双子叶植物、单子叶植物分类。

　　书中分别介绍了所选乡土园林树木的学名、别名、所属科属、识别特征、生态习性、分布情况、观赏特性、园林用途、繁殖方法及栽培技术，并附有 600 余张高清晰彩色照片，每种树木都尽可能配有植物的本真形态和观赏特征。全书图文对照，让读者在欣赏植物的同时，又能全面了解园林应用的基础知识，具有较强的可读性、观赏性和实用性。可供风景园林高校师生、科研人员、城乡绿化专业人员，苗木生产技术人员等使用。

　　本书由西南林业大学段晓梅教授、樊国盛教授主编。西南林业大学风景园林重点学科和普洱市规划局资助编写。董晓蕾、洪伟、杨涛、周庄铖、廖双、刘晏廷、付蓉、姚延晓、张冰清、陈顾中、龙玉婷、丁威、史赛男、胡中涛、柴静、喜晟乘等同学在研究生期间参加了部分实地调查和前期基础资料收集整理工作，西南林业大学标本馆李双智老师帮助鉴定了部分植物，在此致以诚挚的谢意！

　　在编写过程中力求内容的科学性和准确性。由于编者水平有限，书中难免存在不足之处，敬请读者批评指正，敬请至信 842543697@qq.com，衷心感谢！

编　者

2016 年 6 月

目录

第四部分　常绿小乔木 ⋯⋯ 163

第五部分　落叶小乔木

第一部分

总论

第一节
滇南所包含的区域

滇南位于云南省南部，其纬度位置范围为：北回归线穿过的县市或北回归线以南的县市，其中北回归线（23°30′N）穿过的有蒙自市、个旧市、文山市、富宁县，西畴县、砚山县、元江县、墨江县、景谷县、双江县、耿马县等市县，其余位于北回归线以南的市县是景洪市、临沧市、麻栗坡县、马关县、屏边县、河口县、红河县、元阳县、金平县、绿春县、江城县、宁洱县、思茅区、沧源县、西盟县、孟连县、澜沧县、勐腊县、

勐海县，总计该线穿过及该线以南的县市共30个市、县或区，它包括文山、红河、普洱的大部地区，玉溪、临沧的一部分地区，西双版纳州的全部。从北纬21°29′的勐腊半岛南端到北纬23°30′，共跨纬度2°21′，面积150552.7km²，占全省土地面积的38.24%。

第二节
乡土园林树木的概念

乡土园林树木指在城乡绿化中已有应用，在城郊森林及风景名胜区域等也有自然分布，具有文化底蕴丰富、适应性强、管理便利等特点，是绿化、美化城市不可缺少的树种。乡土园林树木的应用水平对城乡绿地景观效果与生态功能的发挥又起到至关重要的作用，通过驯化利用乡土树种丰富当地园林树木种类，具有作用明显、收效快的优点，并能在短期内以较少的投入取得较大的成效。

"乡土"一词所指范围十分宽泛，广义上，对乡土植物的界定需要从时间、空间以及人类活动的影响三个方面来考虑。从时间角度考虑，乡土植物可以是经过长期的物种演替后，对某一特定地区有高度的生态适应的自然植物区系的总称。从空间角度考虑，乡土植物的内涵随地理区域不同，大致可分为：世界地理区域性乡土植物，如美洲乡土植物、东南亚乡土植物；国域性乡土植物，如中国乡土植物、日本乡土植物；地区性乡土植物，如宁夏乡土植物、云南乡土植物等。由于对温度、水分、土壤条件的敏感性的差异，有的乡土植物分布较广，如榆树、杨树及松柏类

等植物，而有些乡土植物如木棉、凤凰木及大部分棕榈科植物只在华南和西南地区有分布，而油松、白桦等只在北方分布。有些植物经长期引种已经完全适应了引种地的生态环境，并且具有了乡土植物的特性，则可将其视为乡土植物，如雪松、悬铃木、石榴等。城市园林中应用的乡土园林树木多以地区划分，指所在区域内固有的，或经长期引种驯化，能很好的适应当地的自然条件，融入当地自然生态系统并生长良好，且具有一定的观赏价值的树木。

在城市园林绿化中常出现"乡土植物""乡土树木""本地植物""原生植物"等多种称谓，由于缺乏统一的规范，各地理解不一。本书编写的"乡土园林树木"，强调了应为本地原生树木或虽非本地原生但长期适应本地自然气候条件并融入了本地生态系统，对本地区原生物种和生物环境不产生威胁，且在城乡绿化中常见的树种。

🌿 第三节 🌿

滇南所包含的区域

（一）滇南气候的季节划分

云南南部终年温暖，温度年变化在 10℃ 左右，植物四季常青，二十四节气的春、夏、秋、冬四季变化在滇南不明显，周年温度变化不大，但降雨变化十分显著。

旱季为 10 月至翌年 4 月，是一年中少雨的时期，由热带大陆气团控制。旱季初期，土壤湿润，水热状况适于植物生长，是雨后湿润季节，末期则高温、干旱。因此可将旱季划分为雾、凉季和干、热季两个季节。这样本区就可以将周年划分为三个季节：

雨季：5 月中旬前后～10 月下旬。雨季集中了全年 83%～90% 以上的降水，在 7～8 月间几乎每日有雨。多为短暂的雷阵雨、对流雨，强度大，多降于午后。雨过之后，云消天晴。在雨季中可间隔有周期性的晴天，太阳高悬晴空，光耀夺目，湿热难当，宛似旱季末的天气。在阴云天气里，和风吹拂，凉爽宜人。

雾凉季：10 月下旬～3 月中、下旬。降雨稀少，云量减少，日照增长，气温下降快，昼夜温差增大。此期间以晨雾、朝露为特征，在海拔较高而空气又较干燥的地区，如蒙自，出现雾的机会比较少，可称为凉季。西双版纳州雾日多，可称为雾季。

　　干热季：3月中、下旬～5月中旬前后。春分后太阳高度增加，日照亦增长，土壤和空气渐显干燥，大气层结不稳定。此时，地面扬尘加强，大气混浊，透明度、能见度减小。中午地方性雷暴活动频繁，但由于蒸发强烈，少量的雷阵雨不足以润湿土壤。此时，水热失调，高温干旱为本季特点，持续时间约一个多月，后期干旱最严重。

（二）滇南气候的主要特征

　　滇南地区主要受印度风系影响，东部受太平洋副热带高压的影响。滇南地区下垫面复杂、海拔高差悬殊，是气候复杂化的主要原因。本区内的气候可以在很小的范围内，发生巨大的变异，形成多种多样的地方性气候和小气候。

　　1. 气流

　　气流影响以哀牢山脉为分界线，西部的澜沧、勐遮、勐龙、勐腊、墨江一带，受印度洋西南暖湿气流的影响，以偏西南风为主，而本区东部的文山、河口、蒙自、元江一带，东部受太平洋西伸高压楔的影响，以偏东南风为主。

　　2. 积温

　　北回归线穿过滇南，纬度低、太阳高度角大，终年接受太阳辐射量较强，日照充足，例如元江以东的马关和元江以西的普洱全年≥10℃积温在5300～6100度，年均温也在17～18℃。从地形上来分析，高差大而形成的立体气候明显，例如河谷地带的元江、河口、景谷、景洪等地它

们的年均温都在 20 ～ 23℃，而高海拔的西盟，气温就要稍低（海拔 1898 m，气温 15℃），可谓"冬暖夏凉"，冬季温度谷地在 15℃ 以上，山地在 10℃ 以上，而夏季温度（谷地约 25℃）较华南、华北及长江流域约低 3℃。

3. 降水

本区东南、西南为水源的来向。西南季风受西部怒山山脉所阻，故西部雨量（1400 ～ 1600mm）比东部雨量（1600 ～ 1800mm 或更多）减少；在哀牢山脉背西南季风地区，则是一个常年雨影区，如：元江、开远、建水、蒙自的雨量在 800mm 以下，为全区最少。其他多数市、县降水量平均在 1300 ～ 1500mm 以内，如：元江下游、哀牢山南段的金平、绿春，元阳年雨量是 1600 ～ 2200mm，而元江以西的西盟、澜沧年雨量在 1500 ～ 2500mm。从大气环流方面来分析，元江以西夏季受来自于印度洋孟加拉湾西南季风的影响，元江以东夏季受来自太平洋北部湾东南季风的控制，因此滇南雨季长，85% 的雨量集中于 5 ～ 10 月份的下半年。而冬季又处于西风环流的范围内，这支强劲的气流把北非西亚、印度半岛干暖空气引导过来，同时云南东北部高大山系和东部云贵高原阻滞着冬季寒潮和冷空气的推移，因而冬季晴天多，日照充足，云量少，白天空气干燥。早晨多雾，日均温一般多在 10℃ 以上。

第二部分

常绿大乔木

思茅松

Pinus kesiya Royle ex Gord. var. *angbianensis* （A. Chev.）A. Chev.Gaussen

松科（*Pinaceae*）松属（*Pinus*）

识别特征

常绿乔木。枝条一年生长两轮。针叶 3 针一束，细长柔软，长 10 ～ 22cm，叶鞘长 1 ～ 2cm。雄球花矩圆筒形，长 2 ～ 2.5cm，在新枝基部聚生成短丛状。球果卵圆形，基部稍偏斜，长 5 ～ 6cm，径约 3.5cm，通常单生或 2 个聚生。

◆ **季相变化及物候**：春、夏常有新叶新枝生长，嫩叶和老叶常形成一树两色景观。花期 4 ～ 5 月，球果 11 月～翌年 1 月成熟。

◆ **产地及分布**：分布于云南南部、中部、西部海拔 1800m 以下地区；越南中北部、老挝、缅甸、印度也有分布。四川西昌有栽培。

◆ **生态习性**：喜光，为强阳性速生树种，幼苗不耐荫；适应冬春少雨，夏秋湿热的南亚热带季风气候。喜微酸性土壤；深根性，无明显主根，其根系的穿透能力强，在较瘠薄的土壤上仍能生长。

◆**园林用途**：宜群植、孤植、列植，适用于公园绿地、道路、风景区、郊野公园、森林公园等处；也宜作防护林树种和荒山荒地造林树种。

◆**观赏特性**：树干端直高大，树形苍劲，叶色翠绿。

◆**繁殖方法**：种子繁育和扦插繁育为主。12月采种，3～4月份播种育苗。播种前用0.02%的高锰酸钾溶液浸泡种子12h，倒去浸种药水，用清水冲洗种子后晾干即可播种。扦插选用遗传品质优良、生长健旺1年生的半木质化枝条作插穗，取条后立即放入装有水的盆内，以保证穗条切口浸入水中，而不失水分；将削好的插穗基部放入浓度106.6mg/L的吲哚-3-乙酸溶液内浸泡处理3～5min。在扦插前对扦插基质进行1000倍多菌灵消毒，控制塑料棚内温度在35℃左右，相对湿度80%以上。

◆**种植技术**：宜选择土层深厚、肥沃排水良好，向阳的地块种植。穴状整地所挖定植塘的规格为30cm×30cm×30cm。宜栽营养苗袋；于6～7月定植，定植前将定植塘回满土，充分打碎土块，除去草根石块，表土回入塘底；每塘施钙镁磷肥30～400g，土充分拌匀。定植苗时必须撕除容器袋，将苗木端正植于塘中央，覆盖土后将袋苗四周的土踏实，再覆松土微高于塘口，以免塘积水。定植后第一年9～11月需对种植塘穴松土一次；第二年结合松土，每株可施50～100g氮磷复合肥；第三年以后只需雨季除草松土。

柳杉（长叶孔雀松）

Cryptomeria fortunei Hooibrenk ex Otto et Dietr.

杉科（*Taxodiaceae*）柳杉属（*Cryptomeria*）

识别特征

常绿乔木。大枝近轮生，平展或斜展，小枝细长，常下垂。叶钻形略向内弯曲，先端内曲，用手触及没有刺手的感觉，四边有气孔线。球果圆球形或扁球形，径 1.5～1.8cm；种鳞 20 左右，苞鳞尖头与种鳞先端之裂齿均较短；每种鳞有 2 粒种子。

◆**季相变化及物候**：季相变化不明显，花期 4 月，果 10～11 月成熟。

◆**产地及分布**：为我国特有树种，江苏南部、浙江、安徽南部、河南、湖北、湖南、四川、贵州、广西、广东及云南等地均有栽培。

◆**生态习性**：为中等阳性树种，略耐荫，在年平均温度 14～19℃，1 月份平均气温在 0℃以上的地区均可生长。在温暖湿润的气候和土壤酸性、肥厚而排水良好的山地生长较快；怕夏季酷热或干旱，在寒凉较干、土层瘠薄或西晒强烈的黏土地的地方生长极差。喜排水良好，在积水处，根极易腐烂；根系较浅，抗风力差。对二氧化硫、氯气、氟化氢等有较好的抗性。

◆**园林用途**：是良好的绿化和环保树种，可作庭院树，公园观赏树或行道树，孤植、群植、列植均极为美观；也常作墓道树，宜亦作风景林栽培。是汉传佛教庙宇常植树种。

◆**观赏特性**：常绿乔木，树姿秀丽，树形圆整而高大，树干粗壮通直，颇显雄伟，纤枝略垂，极具景致。

◆**繁殖方法**：可用播种及扦插法繁殖。10 月采收球果，阴干数天，待种子脱落，洗净后湿沙藏，种子切忌干燥。翌年春季苗床条播，播种前进行消毒和浸种催芽处理，播后 20 天左右发芽。扦插时，春季剪取半木质化枝条，长 5～15cm，插入沙床，遮荫保湿，插后 2～3 周生根，当根长 2cm

时可移栽，用低温和吲哚丁酸溶液处理插条能促进生根。

◆**种植技术**：宜选择土层较深厚湿润，质地较好，疏松肥沃，排水良好的地方种植。种苗移栽可在冬季至早春时进行，大苗要带土球；栽植时，应对过长的根系进行适当修剪，以免窝根。苗木入土深度约超过根颈2～3cm，回细土护根后，稍向上提苗，使根系舒展，再次填土打紧压实，最后盖一层松土呈弧形。生长期保持土壤湿润，施肥1、2次。冬季适当修剪，剪除枯枝和密枝，保持优美株形。

杉木（沙木、沙树、刺杉、正杉）

Cunninghamia lanceolata （Lamb.）Hook.

杉科（*Taxodiaceae*）杉木属（*Cunninghamia*）

识别特征

常绿乔木。树皮灰褐色，裂成长条片脱落，内皮淡红色；大枝平展，小枝近对生或轮生。叶在侧枝上排成两列状，叶条形或条状披针形，通常微弯、呈镰状、革质、竖硬，边缘有细缺齿，用手触摸有锯齿感，先端渐尖成刺状，深绿而有光泽。球果卵圆形，长 2.5～5cm，径 3～4cm；种鳞很小而苞鳞大，熟时苞鳞革质；种鳞腹面着生 3 粒种子。

◆ **季相变化及物候**：花期 4 月，球果 10 月成熟。

◆ **产地及分布**：产于我国秦岭、淮河以南地区；越南有分布。垂直分布东部在海拔 700m 以下，西部在海拔 1800m 以下，云南在海拔 1800m 以下。

◆ **生态习性**：杉木为亚热带树种，较喜光。喜温暖湿润，多雾静风的气候环境，不耐严寒及湿热，怕风，怕旱。适应年平均温度 15℃～23℃，极端最低温度 -15℃，年降水量 800～2000mm 的气候条件。耐寒性大于其耐旱能力，水湿条件的影响大于温度条件。怕盐碱，喜肥沃、深厚、湿润、排水良好的酸性土壤。

◆**园林用途**：杉木生长速度快，寿命长，形成的景观持续期长久。可作行道树或防护林树种；适于列植道旁，丛植或群植成林。

◆**观赏特性**：杉木树干通直而高大，树冠圆锥形，叶色碧绿。

◆**繁殖方法**：播种或扦插繁殖。种子于10月从壮龄优良单株母体采集，采后干藏，次年春播。温暖地区可秋播，播前可用5%的高锰酸钾溶液浸泡30min，倒去药液，封盖1h后下种。扦插时，可选取充实的枝条，切成长40～50cm的插穗，于早春进行扦插繁殖。

◆**种植技术**：适宜选择土层深厚、土质肥沃、湿润的地块种植。整地前要清除灌木和杂草。可采用全垦挖穴整地，要求穴深50cm，穴宽70cm，穴距1.7m×2.0m。要回填细碎表土，并高出地面20cm。移栽最佳季节为雨季，移植应带土坨。栽植当年雨季进行2次除草松土；第二年开始每年进行1、2次除草松土。

翠柏

Calocedrus macrolepis Kurz

柏科（*Cupressaceae*）翠柏属（*Calocedrus*）

识别特征

　　常绿乔木。小枝互生，两列状，生鳞叶的小枝直展、扁平、排成平面，鳞叶两对交叉对生，成节状，小枝上下两面中央的鳞叶扁平，顶端急尖，两侧的叶对折，与中央的叶几乎等长，小枝下面的叶微被白粉或无白粉。雌雄同株，雌雄球花分别生于不同短枝的顶端，雄球花矩圆形或卵圆形，黄色。着生雌球花及球果的小枝圆柱形或四棱形，或下部圆上部四棱形，其上着生6～24对交叉对生的鳞叶。球果矩圆形、椭圆柱形或长卵状圆柱形，熟时红褐色，种鳞3对，木质，扁平，最下一对形小，最上一对结合而生，仅中间一对各有2粒种子。

◆ **季相变化及物候**：季相变化及物候：花期3～4月，果期9～10月。

◆ **产地及分布**：产于贵州（三都）、广西（靖西）、广东海南岛（五指山佳西岭），云南滇中、滇南地区有产，亦有散生林木。越南、缅甸也有分布。

◆ **生态习性**：属阳性树种，喜光，稍耐荫，耐寒，喜湿润气候。对土壤要求不严，耐贫瘠，

不喜大肥，以疏松、排水良好的土壤生长最好。

◆**园林用途**：可用作行道树、孤赏树、绿篱屏障、防护林等。

◆**观赏特性**：树形优美，枝叶茂密而浓绿，苍翠的大树寓意着常青，在冬日散布着点点翠绿，更是彰显青春与活力。

◆**繁殖方法**：以嫁接繁殖为主，也可播种、压条、扦插繁殖。嫁接 5 月份进行，用侧柏做砧木。接时砧木不要打头，在一侧削 10cm 左右长的刀口，接穗的一侧也削同样长的刀口，对准形成层，用麻绳或塑料条缠紧，50 天左右可愈合，成活后再减去侧柏的顶端。

◆**种植技术**：宜选择在光照充足，土层深厚、肥沃、排水性好的土地种植。种植前要整地，翻耕土地的同时施基肥，每平方米施用堆肥 4～5kg，然后深翻 25～30cm，将肥料翻入土壤下层，捡除砖石瓦块和杂草乱根。苗木栽植后要注意定期追肥，在 4～6 月生长旺季可每 15 天施一次腐熟饼肥水，夏季施 2 次稀薄淡肥水，秋季在表土撒发酵过的饼肥屑即可。不宜多修剪，可将影响造型美观的枝条剪除。翠柏抗病性较强，偶有柏蚜和红蜘蛛为害。柏蚜可喷洒 80% 的亚胺硫磷 1000 倍液或 80% 的敌敌畏 1000 倍液防治；红蜘蛛可喷射氧化乐果 1000～1200 倍液或 0.3 度的石硫合剂防治。

柏木（宋柏）

Cupressus funebris Endl.

柏科（*Cupressaceae*）柏木属（*Cupressus*）

识别特征

常绿乔木。小枝细长下垂，圆柱形，带叶的幼枝扁平。叶有两型，幼树及萌生枝叶钻形，成年树均为鳞叶，鳞叶长不过 1.5mm，中部叶背有条状腺点。雌雄同株。球果圆球形，成熟时暗褐色。

◆ **季相变化及物候**：花期 3 ～ 5 月，果期次年 5 ～ 6 月。

◆ **产地及分布**：为我国特有树种，分布很广，产于浙江、福建、江西、湖南、湖北西部、四川北部及西部大相岭以东、贵州东部及中部、广东北部、广西北部等省区，云南滇中、滇南地区有产，以四川、湖北西部、贵州栽培最多，江苏南京等地有栽培。

◆ **生态习性**：属阳性树种，喜光，稍耐荫，不耐寒冷，喜湿润而温暖的气候。对土壤要求不严，耐贫瘠，适于微酸性土壤。

◆ **园林用途**：可用作行道树，列植于道路两侧，也可孤植、丛植于公园、建筑前、陵墓、古迹和自然风景区内。

◆ **观赏特性**：树形优美，树冠狭窄如尖塔，雄伟苍劲，巍峨挺拔，浓密的枝叶散发着令人陶醉的清香。冬日里，显得更加英俊、威武。

◆ **繁殖方法**：种子繁殖。选用 20 ～ 40 年生无病虫害的健壮母树，采收两年生成熟的绿褐色

球果，曝晒后取种，将采集到的种子装袋置通风干燥处贮藏，于3月上旬至中旬播种。播种前用温水浸种催芽。

◆**种植技术**：宜选择在空气湿度大，光照充足，土层深厚、肥沃、排水性好的微酸性土地种植。种植前要整地，将育苗地上的杂灌木和草全部清除，表土翻向下面，挖穴要求土壤回填，表土归心，定植穴规格以60cm×60cm×40cm为宜。栽植当年除草松土2次，最好施肥1次，以农家肥为主。柏木自然整

枝不良，侧枝发达，尖削度大，在生长过程中要注意及时修枝整形，可用平切法，紧贴树干用小锯子从枝条下方向上将活枝、死枝切掉，修枝强度1/4～1/2。柏木苗易患赤枯病，可在在发病初期结合苗期管理，喷洒0.5～1.0波美度的石硫合剂进行防治。

干香柏（冲天柏、滇柏）

Cupressus duclouxiana Hickel

柏科（*Cupressaceae*）柏木属（*Cupressus*）

识别特征

常绿乔木。小枝不排成平面，不下垂，树稍直；一年生枝四棱形，径约1mm，末端分枝径约0.8mm，绿色，二年生枝上部稍弯，向上斜展，近圆形，径约2.5mm，褐紫色。鳞叶密生，近斜方形，先端微钝，有时稍尖，背面有纵脊及腺槽，蓝绿色，微被蜡质白粉，无明显的腺点。球果圆球形，径1.6～3cm，生于粗壮短枝的顶端；种鳞4、5对，熟时暗褐色或紫褐色，被白粉。

◆**季相变化及物候**：花期1～2月，果期次年9～10月。

◆**产地及分布**：产于四川西南部及云南中部、西北部，为我国特有树种。

◆**生态习性**：喜光，喜温暖湿润气候，耐寒，抗旱能力强，耐贫瘠，能适应各种土壤，在深

厚疏松、肥沃湿润之地生长最好。

◆**园林用途**：适应各种贫瘠土地，是荒山绿化的良好树种，也可做防护林树，或种植于公园中，适合群植。

◆**观赏特性**：树干浑圆通直，树形优美，冠大荫浓，四季常绿并有隐隐香味，是良好的绿化树种。

◆**繁殖方法**：种子繁殖。干香柏当年结出的球果为紫绿色或绿色，尚未发育成熟；次年成熟球果为深褐色，所含种子具生活力，采收时应加以区分。球果采回后经翻晒 5～6 天，待种子脱出后筛净，除去杂质，装入木箱内，置于通风干燥处贮藏。

◆**种植技术**：干香柏适应性强，可在任意地方种植，种植前先整地，将育苗地上的杂灌木和草全部清除，然后挖定植穴。株行距以 2m×2m 为宜，定植穴规格以 40cm×40cm×40cm 为宜。幼苗期水分消耗少，抗旱防涝能力差，浇水应量少次多。前期（5、6 月）施肥以氮肥为主，后期（7、8、9 月）施肥以磷肥和钾肥为主，同样少量多次，水肥可结合同时进行，并注意除草和修剪枝叶。干香柏幼苗常见的病害为猝倒病和根腐病，可用 0.5%～1% 的硫酸亚铁溶液喷洒苗木，施药后 20 分钟再用水清洗苗木上的药液。

鸡毛松

Podocarpus imbricatus Bl.

罗汉松科（*Podocarpaceae*）罗汉松属（*Podocarpus*）

识别特征

常绿乔木。枝条开展或下垂；小枝密生，纤细，下垂或向上伸展。叶异型，螺旋状排列，有叶枝条形似羽毛状。种子无梗，卵圆形，有光泽，成熟时肉质假种皮红色，着生于肉质种托上。

◆**季相变化及物候**：花期 4 月，种子 10 月成熟。

◆**产地及分布**：产于广东、海南；云南南部有产，越南、菲律宾、印度尼西亚也有分布。

◆**生态习性**：喜光，耐荫；喜温暖、湿润的环境。耐瘠薄。喜土层深厚、质地疏松且富含有机质的土壤，适生于南亚热石灰岩地区。

◆**园林用途**：可以用作庭荫树、行道树、景点树；配置时采用列植、对植、片植、丛植等形式均可，也可以与其他阔叶树种混交种植。

◆**观赏特性**：树干通直，树形端庄，叶色浓绿有光泽。

◆**繁殖方法**：常用种子繁殖。当种子肉质假皮呈红色时既可以采种。脱粒除杂后晾干，用湿沙层积催芽一个月左右，然后播种，优良的种子发芽率达 70%～80%，幼苗宜避荫，结合水肥管理，在苗木生长前期和生长旺盛期以氮肥为主，追肥应以少量多次为原则，每 15 天追施 1 次，追施 4～6 次。在出圃前 1.5～2 个月停止追施氮肥，可施 1、2 次磷钾肥，以促进苗木的木质化，提高成活率。一年生苗高可达 30～40cm，一般采用一年半生、苗高 60cm 的苗木定植。

◆**种植技术**：选择水分充分的地方清除杂草及杂灌木，沿横坡按 3m 的距离挖成台地，在台地上按 3m 株距挖定植坑，规格为 60cm×60cm×50cm。定植前进行回塘，回塘时每塘加入 500g 过磷酸钙和 20g 尿素作底肥。整地挖穴。鸡毛松主根发达，侧须少，裸根苗定植成活率较低，且缓苗期较长。提倡容器苗定植，可提高成活率并加快其生长。鸡

毛松幼龄生长较慢，容易被杂灌木压制其生长并影响其成活率，但一定的遮荫对鸡毛松幼苗的生长有利。在造林当年的秋季主要进行扩塘锄草抚育，将穴周围深翻土，保留保护带上的灌木草丛，起到一定的侧方遮荫作用；第2年雨季来临前结合除草松土进行1次追肥，复混肥300g／株；雨季结束后进行1次锄草松土抚育。连续进行3年。为促进其生长，应加强定植后的水肥管理，特别是在速生阶段。

百日青

Podocarpus neriifolius D. Don

罗汉松科（*Podocarpaceae*）罗汉松属（*Podocarpus*）

识别特征

常绿乔木。叶螺旋状着生，披针形，厚革质，常微弯，上部渐窄，先长达7～18cm，宽0.6～1m，先端有渐尖的长尖头，萌生枝上的叶稍宽、有短尖头，基部渐窄，楔形，有短柄，上面中脉隆起，下面微隆起或近平。种子卵圆形，顶端圆或钝，熟时肉质假种皮紫红色，种托肉质橙红色。

22

◆**季相变化及物候**：花期5月，种子10～11月成熟。

◆**产地及分布**：产于四川、贵州、广西及云南等省区；尼泊尔、锡金、不丹、缅甸、越南、老挝、印度尼西亚、马来西亚也有分布。

◆**生态习性**：喜光、耐荫，喜温和气候，适宜土层深厚、疏松、湿润、腐殖质层厚的酸性土壤。

◆**园林用途**：可以采用列植、对植、片植、丛植等形式，适于庭园种植，常用作绿篱或行道树均颇为美观，是优良的园林景观树种。

◆**观赏特性**：树干通直，树姿秀丽，树形端庄，四季常青，叶色浓绿有光泽，侧枝稍下垂。

◆**繁殖方法**：常用种子繁殖。一般10～12月果实成熟，当果实成熟时肉质假种皮绿色，肉质种托由黄绿色变橙红色即可进行采种。采种可通过敲打树枝，震落果实后收集或待果实自然脱落后拾集。采集后将肉质种托除去。采集的种子不耐久藏，最好随采随播或用干净半湿的细沙与种子3:1比例混合置于阴凉通风处贮藏。沙藏期间，保持沙子半干状态。苗圃地选择开阔、光照充足、土壤通透性好的地段，选用籽粒饱满，无病虫害的种子，用0.2%高锰酸钾溶液浸泡种子15～20min，再用清水冲洗干净，将种子点播于苗床上，用细土将种子盖好。浇透水，使种子与土壤紧密结合，便于种子吸收水分。幼苗移栽后需搭建遮阳网。注意加强水肥管理，待苗木成活后，每隔半月追施清粪水一次，促进其生长。

◆**种植技术**：选择土层深厚、肥沃、空气湿度大、光照充足的环境。清除地上的杂灌木和草。定植穴的规格以50cm×50cm×30cm为宜，培育行道树（规格为胸径6～8cm）多采用1m×1m的株行距。定植前回塘，每穴中放入2kg的有机肥和150g的复合肥。雨季初期定植为佳，下过2、3次透雨后即进行定植，百日青定植的头2～3年，每年的5月、10月各除草1次。当年雨季结束后进行扩塘松土施肥，定植后第四年开始，生长明显加快，此时还要注意修剪，保证树形。

三尖杉（桃松、山榧树）

Cephalotaxus fortunei Hook.f.

三尖杉科（*Cephalotaxaceae*）三尖杉属（*Cephalotaxus*）

识别特征

常绿乔木。小枝对生，枝条较细长，稍下垂；叶螺旋状着生，叶排成两列，披针状条形，通常微弯，上部渐窄，先端渐尖，基部楔形或宽楔形，上面深绿色，中脉隆起，下面气孔带白色，绿色中脉带明显或微明显。种子椭圆状卵形或近圆球形，假种皮成熟时紫色或红紫色，顶端有小尖头。

◆ **季相变化及物候**：花期4月，果期8～11月。

◆ **产地及分布**：为我国特有树种，在西南各省区分布较高。

◆ **生态习性**：阴性树种，喜生于土壤肥湿，排水良好的酸性砂质土壤。

◆ **园林用途**：适于做行道树、庭荫树，可孤植、对植、列植。

◆ **观赏特性**：树冠美观，小枝对生，稍下垂，叶螺旋状着生，排成两列，叶色绿中带白，为珍贵的园林景观树种。

◆ **繁殖方法**：种子繁育。种子播种前，先用1%～2%的硫酸铜液消毒5min后用水冲洗净，然后用50℃白酒和40℃的温水（1:1）浸种20～30min，捞出后再用0.05%赤霉素浸泡24h，诱导水解酶的产生，打破种子休眠，促其早日萌发。

如果是隔年的种子，播种前，种子先用温水浸泡（45℃左右）3～4天，当种仁变为乳白色时取出用1%～2%的硫酸铜液消毒，再用3倍湿沙拌匀（60%湿度的细沙）装入草袋或木箱内，放入地下窖。窖宜选择地势高、排水良好的地段，窖深1.5m左右，严防鼠类进入。此外，要经常检查窖温，夏季温度不得超过20℃，窖温高时可在窖上设荫棚或在夜间打开窖门降温。采用此法一般在秋季窖藏种子，第二年全埋藏，第三年春取出种子，摊晒2～4天，种子有20%～30%胚根萌发时即可播种。

◆**种植技术**：最好选择土层深厚、结构疏松、含腐殖质多、排水良好的土壤也可选择林地针叶或阔叶混交林套种。新开垦的土地较肥沃，可以不施肥。老土地必须整好地，通常深翻20～25cm。施入腐熟基肥适量，每亩再用辛硫磷1.5kg硫酸亚铁适量，消灭地下害虫和调节土壤酸碱度。种植穴规格以40cm×40cm×40cm为宜，初植密度宜2m×2m，在三尖杉芽萌动前栽植为好，使用1年生苗木，剪去2/3叶片以及苗木下部过多的侧枝，并适当修剪过长的主根。栽后一定要浇足定根水。头3～5年，于每年三尖杉芽子萌动前在树冠周围开沟每株施复合肥0.25kg。每年进行2、3次松土除草。

山玉兰

Magnolia delavayi Franch.

木兰科（*Magnoliaceae*）木兰属（*Magnolia*）

----- **识别特征** -----

常绿乔木。叶厚革质，卵形、卵状长圆形，先端圆钝，很少有微缺，基部宽圆，有时微心形，边缘波状，叶面初被卷曲长毛，后无毛，中脉在叶面平坦或凹入，残留有毛，叶背密被交织长绒毛及白粉；侧脉每边11～16条，网脉致密，干时两面凸起；托叶痕几达叶柄全长。花梗直立，花芳香，杯状；花被片9～10，外轮3片淡绿色，长圆形，向外反卷，内两轮乳白色，倒卵状匙形；聚合果卵状长圆体形，蓇葖狭椭圆体形，背缝线两瓣全裂，被细黄色柔毛，顶端缘外弯。

◆ **季相变化及物候**：花期 4 ～ 6 月，果期 8 ～ 10 月。

◆ **产地及分布**：产我国四川西南部、贵州西南部、云南，西南部均有分布。

◆ **生态习性**：性喜日照充足，稍耐荫，喜温暖湿润气候，喜深厚肥沃土壤，也耐干旱和石灰质土，忌水湿；生长较慢，寿命长达千年。

◆ **园林用途**：可采用孤植或丛植。做园景树，能形成良好的景观效果。

◆ **观赏特性**：树冠广阔、叶大荫浓；花大如荷，芳香浓郁，花期长，是很好的庭园观赏树种。

◆ **繁殖方法**：常用种子繁殖。果皮微裂露出红色种子时采摘。果实平摊于通风阴凉处，待聚合蓇葖果完全开裂后剥出带红色种皮的种子。并置室内摊晾 2 ～ 3 天，后湿砂贮存，待外种皮由红变黑、变软时，置清水中浸泡至外种皮肿胀发白，搓去外种皮，得净种。最好采用条播，每 667m² 播种 20 ～ 25kg，播种行宽 15cm 左右，覆土可用表层疏松土壤，厚度小于 2cm，保持圃地湿润不干旱、不积水。生长季结合除草施氮肥。

◆ **种植技术**：适于含腐殖质和排水通气良好的酸性壤土。一般在萌芽前 10 ～ 15 天或花刚谢而未展叶时移栽较理想。起苗前浇透水。挖掘时要尽量少伤根系，断根的伤口一定要平滑，以利于伤口愈合，不管是多大规格的苗木都应当带土球，土球直径应为苗木地径的 8 ～ 10 倍。土球挖好后要用草绳捆好，防止在运输途中散坨。

栽植深度可略高于原土球 2 ～ 3cm，大规格苗应及时搭设好支架；种植完毕后，应立即浇水，3 天后浇二水，5 天后浇三水，三水后可进入正常管理。

香木莲

Manglietia aromatica Dandy

木兰科（*Magnoliaceae*）木莲属（*Manglietia*）

识别特征

　　乔木。新枝芽被白色平伏毛，各部揉碎有芳香；顶芽椭圆柱形。叶薄革质，倒披针状长圆形，倒披针形，长 15～19cm，宽 6～7cm，先端短渐尖或渐尖，1/3 以下渐狭至基部稍下延，侧脉每边 12～16 条，网脉稀疏，干时两面网脉明显凸起；叶柄长 1.5～2.5cm，托叶痕长为叶柄的 1/4～1/3。花梗粗壮，果长 1～1.5cm；花被片白色。聚合果鲜红色，近球形或卵状球形，直径 7～8cm，成熟蓇葖沿腹缝及背缝开裂。

◆**季相变化及物候**：花期 5～6 月，果期 9～10 月。

◆**产地及分布**：产于我国云南东南部、广西西南部。

◆**生态习性**：属阳性树种，喜肥，喜湿，耐高温酷暑；对土壤要求不严格，一般中等土壤均能生长繁茂，但以深厚、排水良好的土壤生长最好。

◆**园林用途**：热带、南亚热带地区优良观赏树种之一，可用作行道树，也可丛植、孤植于庭院、公园等处。

◆**观赏特性**：树冠宽广、宏伟壮观、枝繁叶茂，花大而美丽，是优良观花、观果、观树形的优良品种。

◆**繁殖方法**：种子繁殖。播种前先用 40℃ 的温水和 1000mg/L 的赤霉素分别浸泡种子 24h 和 48h 来破除休眠，提高发芽率，然后在大棚内进行沙藏催芽，可用砖块砌催芽床，宽 1.0 ~ 1.2m，在催芽床内铺 20cm 厚的中粗河沙，用 0.2% 高锰酸钾进行消毒，晒出贮藏的种子，用 1% 多菌灵消毒后均匀播入床面，播后用河沙盖种，再盖 1 层干净的稻草，浇透水，喷杀菌剂，在每个催芽床上盖 1 层塑料拱棚。待种子露白时即可点播到圃地或容器中。

◆**种植技术**：选择阴天或 16:00 以后进行移苗，取苗时不能损伤芽苗。定植时根系一定要舒展，其根茎部与基质表层持平，压实土壤，每个营养杯内移植 1 株芽苗，移植后浇透定根水。移栽后的小苗立即盖上遮阳网，待小苗木质化后才揭去遮阳网。视天气情况适时浇水保持土壤湿润，及时拔除杂草和弱苗病株，选择阴天进行补苗。移植 15 天后，可以按 1 ~ 1.5kg/667m² 浇尿素或稀粪肥 1 次。每隔 20 天松土和施肥 1 次，肥料种类以速效肥为主。待小苗长到 30cm 后适时松土和浇肥，肥料施用浓度可逐步加大，停止施用尿素和粪肥，施 1 次复合肥或钾肥，促使苗木生长充实、根系健壮。整个生长期施肥 5、6 次。

木莲

Manglietia fordiana Oliv.

木兰科（*Magnoliaceae*）木莲属（*Manglietia*）

识别特征

　　常绿乔木。嫩枝及芽有红褐短毛，后脱落无毛。叶革质、狭倒卵形、狭椭圆状倒卵形，或倒披针形，长 8～17cm，宽 2.5～5.5cm；先端短急尖，通常尖头钝，基部楔形，沿叶柄稍下延，边缘稍内卷，下面疏生红褐色短毛；侧脉每边 8～12 条；叶柄长 1～3cm，基部稍膨大；托叶痕半椭圆形。总花梗被红褐色短柔毛；花被片纯白色，每轮 3 片，外轮 3 片质较薄，近革质，凹入，长圆状椭圆形，长 6～7cm，宽 3～4cm，内 2 轮的稍小，常肉质，倒卵形，长 5～6cm，宽 2～3cm。聚合果褐色，卵球形，长 2～5cm，蓇葖露出面有粗点状凸起，先端具长约 1mm 的短喙。

◆**季相变化及物候**：花期5月，果期10月。

◆**产地及分布**：产于我国云南、福建、广东、广西、贵州。

◆**生态习性**：属阳性树种，喜温暖湿润气候，有一定的耐寒性，在绝对低温—7.6～6.8℃以下，也能生长。对土壤要求较不严格，一般中等肥力的土壤条件均能生长，但以湿润深厚肥沃的酸性土生长最好。

◆**园林用途**：木莲是较为受欢迎的园林绿化树种，常孤植、群植于草坪、庭院或名胜古迹等处。

◆**观赏特性**：木莲枝叶浓密，盛开花朵典雅清秀，具有较高的园林观赏价值。

◆**繁殖方法**：种子繁育。每年的10月左右，果实成熟，采收的种子阴干脱粒，去掉假种皮，用温沙低温贮藏，第二年即可春播。播种前放入50℃进行浸种，待皮松软去掉假种皮，晾干，日晒即可。

◆**种植技术**：宜选择土层深厚、湿润、肥沃、排水良好的地方种植。种植前先整地，将育苗地上的杂灌木和草全部清除，然后挖定植穴。株行距2cm×2cm为宜，种植穴50cm×50cm×50cm为宜。定植时根系一定要舒展，其根茎部与基质表层持平，压实土壤；移栽后的小苗立即盖上遮阳网，种植后应浇足定根水，保持土壤湿润；在种植期间，可根据实际情况进行深耕及及时清除圃地的枯枝落叶、杂草，这样不仅能促进根系发育，还能抵抗病虫害。

石碌含笑

Michelia shiluensis Chun et Y. F. Wu

木兰科（*Magnoliaceae*）含笑属（*Michelia*）

-**识别特征**-

常绿乔木，高可达20m。树皮灰色，嫩枝被淡黄色绒毛。叶革质，稍坚硬，倒卵状长圆形，先端圆钝，具短尖，基部楔形或宽楔形。芽圆柱形或狭卵形，老枝无毛。花腋生，杯状，芳香；花被片9，乳白色，倒卵形。聚合果圆柱形，蓇葖果倒卵球形。

◆ 季相变化及物候：花期 3～4 月，果期 8～9 月。

◆ 产地及分布：产于云南的广南、麻栗坡、西畴，广西的龙州，海南的昌江、东方、保亭等地。生于海拔 200～1500m 的石山林、山沟、山坡、路旁、溪沟边。

◆ 生态习性：阳性植物，喜光照；喜温暖气候，生长适温 20～32℃，能耐 -6℃低温；以土层深厚、排水良好的酸性壤土为佳。

◆ 园林用途：适于各类绿地中作园景树、行道树栽培；孤植、对植、丛植、群植或列植皆宜。

◆ 观赏特性：树冠浑圆，绿叶葱笼，终年常绿，开花时苞润如玉、清香扑鼻，是庭院观赏、园林绿化美化环境的优良树种。

◆ 繁殖方法：常用种子繁殖，9～10 月当果实有少数开裂，露出少量红色种子时采摘。将采下的果实晒干或风干，将种子取出，用清水浸泡 1～3 天，每天换水两次，使肉质蜡状种皮软化，反复搓洗到种子上不留外种皮为止，洗净后阴干，湿砂藏，翌年 2～3 月当种皮张开，露出白点时即可播种。150～165kg/hm²，可产苗 18～24 万株 /hm²。

◆ 种植技术：苗高 50～60cm，径 5～7cm 时可移栽，宜选择在土层深厚、肥沃，空气湿度大，光照充足的地方栽植。穴规格为 60cm×60cm×60cm，株行距为 1m×1.5m。植前每穴施 20g 磷肥和 150g 复合肥（1:1）作基肥。雨季定植，定植时注意舒根、踏实，浇足定根水；定植当年注意除草，追肥提高土壤肥力，保证植株苗壮生长。

红花木莲

Manglietia insignis（Wall.）Bl.

木兰科（*Magnoliaceae*）木莲属（*Manglietia*）

常绿乔木。小枝有环状托叶痕。叶革质，倒披针形、长圆形或长圆状椭圆形，先端渐尖或尾状渐尖，下面中脉具红褐色柔毛或散生平伏微毛；有托叶痕。花芳香，花梗粗壮，花被片下具1苞片脱落环痕，花被片9～12，外轮3片褐色，腹面染红色或紫红色，倒卵状长圆形，向外反曲，中内轮6～9片，直立，乳白色染粉红色，倒卵状匙形；聚合果鲜时紫红色，卵状长圆形；蓇葖背缝全裂，具乳头状突起。

◆ **季相变化及物候**：花期5～6月，果期8～9月。

◆ **产地及分布**：产于我国湖南西南部、广西、四川西南部、贵州、云南、西藏东南部；尼泊尔、印度东北部、缅甸北部也有分布。

◆ **生态习性**：喜光，稍耐荫，有一定的耐寒耐旱能力，喜生于湿润、深厚肥沃呈酸性反应的山地黄棕壤。

◆ **园林用途**：孤植、丛植配置；适宜栽于居住区、公园或做行道树。

◆ **观赏特性**：树形繁茂优美，花色艳丽芳香，果实熟时深红色悬挂枝头，为名贵稀有观赏树种。

◆ **繁殖方法**：常用种子繁殖。9月当果实有少数背缝开裂，露出红色种子时即可采摘。将采下的果实晒干或风干，待蓇葖裂开时将带红色种皮的种子取出，反复搓洗到黑色种子上不留外种皮为止，然后进行水选，清除漂浮的空粒种子或在加工过程中损坏种子，用河沙1:1比例混合贮藏，贮藏至早春播种，经1～2个月可发芽出苗。

◆**种植技术**：宜选择在土层深厚、肥沃，空气湿度大，光照充足的地方进行带状清理和穴垦整地，穴规格为 80cm×80cm，株行距为 2m×3m。植前每穴施 150g 磷肥和 150g 复合肥（1:1）作基肥。春夏两季均定植，定植前半个月进行修枝剪叶，提高成活率，挖定植穴一般深 25cm，定植后注意舒根、踏实，浇足定根水，定植当年注意除草，花前和花后应追肥，提高土壤肥力，保持土壤湿润，保证植株苗壮生长。

黄缅桂（黄兰）

Michelia champaca L.

木兰科（*Magnoliaceae*）含笑属（*Michelia*）

识别特征

半常绿乔木。芽、嫩枝、嫩叶和叶柄均被淡黄色的平伏柔毛。小枝有托叶痕。叶互生薄革质，披针状卵形或披针状长椭圆形，先端长渐尖或近尾状，基部阔楔形或楔形，下面稍被微柔毛。花黄色，极香，花被片 15 ～ 20 片，倒披针形。聚合果；蓇葖倒卵状长圆形，有疣状凸起；种子 2 ～ 4 枚，有皱纹。

◆ **季相变化及物候**：花期 6 ～ 7 月，果期 9 ～ 10 月。

◆ **产地及分布**：产于我国西藏东南部、云南南部及西南部；印度、尼泊尔、缅甸、越南也有分布。

◆ **生态习性**：喜阳光充足、温暖湿润气候，在疏松、肥沃的微酸性土壤中生长较好；不耐干旱，忌积水。

◆ **园林用途**：可做行道树、庭荫树，孤植或丛植于草坪，与针叶树或落叶树配置效果最好。

◆ **观赏特性**：树干挺直，树形优美，花朵橙黄色，芳香浓郁，且花期长，为著名的观赏树种。

◆ **繁殖方法**：常用种子繁殖。夏秋种子刚开裂而出现红色时应及时采收，采后沙藏至翌年春播。播后一般 1 个月左右开始发芽，但也有近 2 个月才发芽的。

◆**种植技术**：种植地宜富含腐殖质和排水通气良好的酸性壤土。种植前先整地，清理杂草，后挖种植穴，种植后从 5 月上旬开始，可每隔 7～10 天施 1 次稀薄饼肥水或矾肥水（最好两者交替进行）。开花前增施 1、2 次速效性磷肥，这样可使黄缅桂花期延长。9 月底以后停止施肥。浇水多少需视植株生长情况和天气状况而定。一般春季浇水不宜过多，保持土壤湿润即可，夏季气温高，蒸发量大，且正逢开花盛期，浇水需充足，秋季浇水应稍多于春季，但每次浇水量不宜多，浇透即可。秋末天气渐凉，浇水次数应逐渐减少。生长期间要防止缺水，否则容易造成叶缘干枯。雨季必须及时排除积水，不然容易烂根、黄叶。每次施肥

浇水后都要及时进行松土，使土壤通气良好。定期剪除病枯枝、徒长枝及过密枝。越冬期停止施肥，控制浇水，保持土壤稍湿润即可。翌年 4 月下旬或 5 月上旬时不要修根，应保持原来的须根。但要适当地摘掉枝条下部的一些老叶，这样有利促生新枝条，多开花。

毛果含笑（球花含笑）

Michelia sphaerantha C. Y. Wu

木兰科（*Magnoliaceae*）含笑属（*Michelia*）

识别特征

半常绿乔木。叶革质，单叶互生，全缘；托叶膜质，盔帽状，两瓣裂，与叶柄贴生或离生，脱落后，小枝具环状托叶痕。如贴生则叶柄上亦留有托叶痕。2、3花成聚伞花序。花两性，通常芳香，花被片6～21片，3或6片一轮。聚合果为离心皮果，常因部分蓇葖不发育形成疏松的穗状聚合果；成熟蓇葖革质或木质，全部宿存于果轴，无柄或有短柄，背缝开裂或腹背为2瓣裂。种子2至数颗，红色或褐色。

◆**季相变化及物候**：花期3月，果期7月。

◆**产地及分布**：分布于亚洲热带、亚热带及温带的中国、印度、斯里兰卡、中南半岛、马来群岛、日本南部。原产我国西南部景东、屏边至东部。

◆**生态习性**：属阴性树种，不耐烈日酷暑，不耐严寒，喜温暖湿润的环境；对土壤要求较不严格，一般肥力中等土壤中性土壤均能适应，但以土层深厚肥沃、疏松、排水良好的微酸性土生长最好。

◆**园林用途**：适于在小游园、公园等各种绿地中丛植。

◆**观赏特性**：枝叶茂密，树形优美，树冠紧凑，呈塔形为著名的芳香花木。

◆**繁殖方法**：种子繁育。播种前将常温储藏4个月的种子用16℃浸种，这样的种子发芽率最高。扦插繁育，扦插基质选择用珍珠岩，扦插前用高锰酸钾溶液处理插条，可促进插条产生愈伤组织。

◆种植技术：宜选择土层深厚肥沃、疏松、排水良好的微酸性土的地方进行种植。种植前先整地，将育苗地上的杂灌木和草全部清除。毛果含笑繁育常采用扦插繁育，扦插后三个月内是关键时期。水分管理：插条的水分需求主要来源于切口、插条上的皮孔及插条叶面吸收，所以应保持土壤的湿润。温度管理：秋季扦插应注意遮阴，进入冬季后应揭去遮阳网，进行越冬管理，草席进行早揭晚盖，当第二年春季来临，应及时加盖遮阳网，进行越夏管理。肥分管理：在扦插 20 天后，开始用 3% 磷酸二氢钾水溶液进行叶面喷施，配合通风每隔 7～10 天喷 1 次，连喷 5 次，一般在阴天、下午进行。

香樟（樟、芳樟、油樟、樟木）

Cinnamomum camphora （L.） presl

樟科（*Lauraceae*）樟属（*Cinnamomum*）

识别特征

常绿乔木。枝、叶及木材均有樟脑气味。叶长6～12cm，单叶互生，卵状椭圆形，顶端急尖，基部宽楔形至近圆形，边缘全缘，具离基三出脉。圆锥花序腋生；花绿白或带黄色，花梗无毛。果卵球形或近球形，直径6～8mm，紫黑色；果托杯状，顶端截平，具纵向沟纹。

◆ **季相变化及物候**：初春发芽，花期4～5月，果期8～11月。

◆ **产地及分布**：产南方及西南各省区，越南、朝鲜、日本也有分布，其他各国常有引种栽培。

◆ **生态习性**：喜光，稍耐荫，喜温暖湿润气候，耐寒性不强，在-18℃低温下幼枝受冻害。对土壤要求不严，喜深厚、肥沃而湿润的微酸性土壤，较耐水湿，在地下水位较高的潮湿地亦可生长。

园林用途：可用作行道树、庭院树、防护林及风景林，可散植于水边，也可孤植于空旷地，因其吸毒、抗毒性较强，还可用作工厂绿化树种。

◆ **观赏特性**：树干通直，冠大荫浓，树姿雄伟，枝叶茂密秀丽而具香气，且四季常绿，是常用的绿化树种。

◆ **繁殖方法**：种子繁殖。采种的母树应选择发育健壮、无病虫害的20～50年的优良单株。

当果实变黑色、果皮变软时用高枝剪采收。将采收的果实用水浸搓，并加入适量草木灰拌匀，浸泡3～5天后用清水淘洗种子并晾干。再选用湿度为手捏成型一拍即散的细泥沙对香樟种子进行沙藏，定期检查沙床湿度，进行水分补充，以利于种子保存。播种前将种子从沙床中筛出，水温35℃左右的水浸泡种子24h。

◆**种植技术**：宜选择在空气湿度大，土层深厚、肥沃的酸性土壤种植。种植前先整地，将育苗地上的杂灌木和草全部清除，然后挖定植穴。株行距2m×3m或3m×3m为宜，定植穴规格以60cm×60cm×50cm为宜。定植穴要施足基肥，每个定植穴施2.5～5kg家畜肥、0.2kg饼肥、0.2kg骨粉或过磷酸钙及火土灰等，与穴土拌匀备栽。定植半年之内不施用化肥，生根剂除外。第1年至第5年适当施肥，每株施厩肥15～20kg，或用高效饼肥替代，每株施1～1.5kg，在生长高峰期可适当追施氮素肥料。第五年后视土壤肥力情况继续进行追肥。每年中耕2次。

云南樟（香樟、臭樟、樟脑树、樟叶树、红樟、青皮树）

Cinnamomum glanduliferum （Wall.） Nees

樟科（*Lauraceae*）樟属（*Cinnamomum*）

> **识别特征**
>
> 常绿乔木，树皮具樟脑气味。叶长 6～15cm，单叶互生，椭圆形至卵状椭圆形或披针形，顶端骤尖或短渐尖，羽状脉或偶有近离基三出脉，脉腋具腺窝；叶柄粗壮，腹凹背凸，近无毛。圆锥花序腋生；核果球形，直径达 1cm，紫黑色；果托狭长倒锥形，边缘波状，红色，有纵长条纹。

◆ **季相变化及物候**：花期 3～5 月，果期 7～9 月。

◆ **产地及分布**：产我国云南（中部至北部）、四川（南部及西南部）、贵州（南部）、西藏（东南部）；印度、尼泊尔、缅甸至马来西亚也有分布。

◆ **生态习性**：喜光，幼树稍耐荫，喜温暖湿润气候，对土壤要求不高，在肥沃、深厚的酸性土中生长较快。

◆ **园林用途**：可用作行道树、庭院树、防护林及风景林，可散植于建筑前、湖岸边，也可与其他树种搭配丛植。

◆ **观赏特性**：树姿优美，枝叶茂密，不仅遮阴效果好，还有较好的隔音作用，且四季常绿，是云南常用的特色绿化树种。

◆ **繁殖方法**：种子繁殖。选择发育健壮、无病虫害的 20～50 年龄的母株进行采种。时间为

秋季9～10月，采下的种子晒干备用。

◆**种植技术**：宜选择在光照充足，肥沃、深厚的酸性土地上种植。种植时间宜在5～6月雨水落地后，种植前先整地，将育苗地上的杂灌木和草全部清除，然后挖定植穴。株行距以（3m×3m）～（5m×5m）为宜，定植穴规格以30cm×30cm×40cm为宜。植入后，先将覆土压紧，再盖松土，然后浇水。定植后每1～2年进行除杂松土，并及时修剪枝叶，保持树形优美。

滇润楠（滇楠、云南楠木、滇桢楠）

Machilus yunnanensis Lec.

樟科（*Lauraceae*）润楠属（*Machilus*）

识别特征

常绿乔木。枝条幼时绿色。叶长7～12cm，单叶互生，革质，疏离，倒卵形或倒卵状椭圆形，间或椭圆形，顶端短渐尖，尖头钝，基部楔形。花序由1～3花的聚伞花序组成；苞片及小苞片早落。花淡绿色、黄绿色或黄白色。果椭圆形，长约1.4cm，熟时黑蓝色；宿存花被裂片不增大，反折；果梗不增粗。

◆**季相变化及物候**：花期4～5月，果期6～10月。

◆**产地及分布**：产我国云南昆明、宾川、保山、鹤庆、腾冲，四川也有分布。

◆**生态习性**：喜光，喜温暖湿润气候，对土壤要求不甚严格，但以土层深厚、肥沃、排水良好的红壤土生长最为良好。

◆**园林用途**：可用作行道树、庭院树和风景林树，适合群植和列植于公园、广场、道路、庭院。

◆**观赏特性**：树姿优美，枝叶繁茂，遮阴效果好，且四季常青，是云南地区的特色绿化树种。

◆**繁殖方法**：种子繁殖。选生长健壮、无病虫害的母树采种，当核果由绿变为黑蓝色时种子成熟，需及时采收，采后去果皮，在清水中漂去杂物，取出种子荫干。如次年播种，采用沙藏。沙藏前先用0.5%高锰酸钾液浸种消毒1h，清水冲洗干净，与湿沙拌匀，以20cm左右的厚度摊放在阴凉处，每周翻动1次，捡出霉烂的种子，适量洒水保持湿润。

◆**种植技术**：宜选光照充足，土层深厚、肥沃、排水良好的红壤土种植。种植前先整地，挖定植穴。株行距根据苗木大小有所区别，胸径6～8cm的苗木株行距以2.5m×3m为宜，胸径在8cm以上的苗木株行距以3.5m×4m为宜。定植穴规格以50cm×50cm×40cm为宜，每个种植穴施10kg有机肥和200g钙镁磷肥，挖好定植穴后回入2/3的表土，放入肥料和土壤拌匀，再回填土。浇足定根水。定植后2周内保持土壤湿润，以后约半个月浇水1次。定植后的前两年，每年每个定植穴施尿素80g，9月施复合肥100g；定植2年后每年5月和7月每株施尿素120g，9月施复合肥200g。及时清除杂草和松土。长到4～5m高时摘除顶芽；苗木1.5m高时开始修枝，培养行道树的1.5～3m高剪去下部1/3内的侧枝，4～5m高剪去下部2m内的侧枝；培养庭院观赏树的苗木3m高以上剪去下部1～1.5m内的侧枝。

八宝树（平头树）

Duabanga grandiflora（Roxb. ex DC.）Walp.

海桑科（*Sonneratiaceae*）八宝树属（*Duabanga*）

识别特征

　　常绿乔木。小枝下垂，螺旋状或轮生于树干上。叶长 12～15cm，单叶对生，顶端短渐尖，基部深裂成心形，侧脉 20～24 对；叶柄粗厚，带红色。伞房花序顶生，花梗有关节。蒴果长 3～4cm，直径 3.2～3.5cm，成熟时从顶端向下开裂成 6～9 枚果片。

◆**季相变化及物候**：花期 3～5 月，果期 8～10 月。

◆**产地及分布**：产我国云南（红河、文山、临沧、普洱、西双版纳）；印度、缅甸、泰国、老挝、柬埔寨、越南、马来西亚、印度尼西亚等地均有栽培。

◆**生态习性**：喜光树种，喜高温高湿气候，喜深厚湿润的砖红壤、赤红壤。

◆**园林用途**：可用作行道树、孤植或群植于公园绿地，也可列植、群植用做绿篱屏障、防护林等。

◆**观赏特性**：树形高大优美，枝条向四周自然伸展下垂，遮阴效果好，枝叶翠绿。春天的点点黄花，娇嫩清新；漫长的果期中，硕果累累，惹人喜爱。

◆**繁殖方法**：常用扦插繁殖和种子繁殖。扦插在 4～9 月进行。剪取 1 年生顶端枝条，长 9cm 左右，去掉下部叶片，插于苗床，保持苗床湿润，室温在 25℃左右，插后 30～40 天可生根。种子繁殖在 4～5 月播种，发芽适温 20～25℃，保持土壤湿润，播后 15～20 天发芽。

◆**种植技术**：宜选择在光照条件好，土层深厚、肥沃、排水性好的红壤土种植。种植前要进行整地，培土要细。日照强烈时要加荫棚以防日灼。株行距以 3m×3m 或 3m×4m 为宜。八宝树幼苗生长很快，要注意定期追肥，及时修剪以保持树形美观。八宝树病害主要有叶斑病和炭疽病，可用 10% 抗菌剂 401 醋酸溶液 1000 倍液喷洒。虫害主要有介壳虫危害，用 40% 氧化乐果乳油 1000 倍液喷杀。另外，红蜘蛛、蓟马和潜叶蛾等会危害八宝树叶片，可用 10% 二氯苯醚菊酯乳油 3000 倍液喷杀。

沉香（土沉香）

Duabanga grandiflora （Roxb. ex DC.）Spreng.

瑞香科（*Thymelaeaceae*）沉香属（*Aquilaria*）

⸢**识别特征**⸥

　　常绿乔木，幼枝被绢状毛。单叶互生，稍带革质，具短柄；叶片椭圆状披针形、披针形或倒披针形，先端渐尖，全缘，下面叶脉幼时被绢状毛。伞形花序，无梗，或有短的总花梗，被绢状毛；花白色，与小花梗等长或较短；花被钟形，5 裂，裂片卵形，喉部密被白色绒毛的鳞片 10 枚，外被绢状毛，内密被长柔毛；花冠管与花被裂片略等长；雄蕊 10，着生于花被管上，其中有 5 枚较长；花柱极短。蒴果倒卵形，木质，扁压状，密被灰白色绒毛，基部有略为木质的宿存花被。

◆**季相变化及物候**：花期3～4月，果期5～7月。

◆**产地及分布**：国产沉香（白木香）主产于海南，广西省、福建省亦产；进口沉香（沉香）主产于印度尼西亚、马来西亚、越南等地。

◆**生态习性**：弱阳性树种，幼苗和幼龄树喜半荫而不耐曝晒，但是荫蔽也不能过大。喜温暖湿润环境，在酸性的沙质壤土、黄壤土和红壤土均能生长。

◆**园林用途**：可作为行道树、庭荫树、园景树，孤植、对植、列植、丛植、群植于园林中。

◆**观赏特性**：植株轻盈、树冠宽塔形，叶色翠绿，花小黄绿色、果丰硕。

◆**繁殖方法**：种子应在15年以上的优良母树上采选，在6～7月种子成熟时，采取果实，放通风处阴干，不能日晒。2～3天后果壳开裂，种子自行脱出。种子随采随播，播前一般不处理，若用30℃的温水浸种子10h则可加快种子发芽。播后在上面覆盖一层细砂，以不见种子为度。每天浇水1、2次，种子8～10天开始发芽。在播种一个月后，当幼苗在5cm左右，长出2、3对叶，可移入袋中培育，移入袋中时必须浇足定根水，以后根据情况保持土壤湿润即可。

◆**种植技术**：沉香适应能力较强，对土壤要求不严，移栽的小苗成活后可用2%的氮、磷、钾的水溶液进行追肥，促进苗木生长，追肥后需用清水冲洗小苗叶面。幼苗经培育1年，苗高50～80cm，可挖穴移栽定植。幼龄树期每年除草松土4、5次，并于2、3月份和10、11月份各追肥1次，以追施人畜粪水和复合肥为主。成龄树施肥量适当增加。虫害有卷叶蛾，每年夏、秋间幼虫为害叶片，应注意防治。

五桠果（第伦桃）

Dillenia indica Linn.

五桠果科（*Dilleniaceae*）五桠果属（*Dillenia*）

识别特征

常绿乔木。树皮红褐色，老枝有明显的叶柄痕迹。叶薄革质，矩圆形或倒卵状矩圆形，长 15～40cm，宽 7～14cm，先端近于圆形，基部广楔形，不等侧；侧脉 25～56 对，两面隆起；边缘有明显锯齿，齿尖锐利；叶柄长 5～7cm，有狭窄的翅，基部稍扩大。花单生于枝顶叶腋内，直径约 12～20cm，花梗粗壮，被毛；花瓣白色，倒卵形。果实圆球形，直径 10～15cm，不裂开，宿存萼片肥厚，稍增大。

◆ **季相变化及物候**：花期 5～6 月，果期 9～10 月。

◆ **产地及分布**：我国云南省南部（西双版纳、沧源等地）有分布，广东、广西南部有栽培；印度、斯里兰卡、中南半岛、马来西亚及印度尼西亚等地也产。

◆ **生态习性**：为阳性树种，喜光，耐半阴，幼苗适当遮阴；喜高温湿润气候，喜温暖潮湿的环境，怕涝；深根性，抗风力强，喜肥沃土壤。

◆ **园林用途**：是南亚热带地区优美的庭园观赏树种，可作行道树、庭院树、公园树、风景林树；宜列植于道路旁，孤植或散植于庭院、公园、居住小区中。

◆ **观赏特性**：树冠开展，亭亭如盖，花大且香，果多汁可食，极具观赏性。

◆ **繁殖方法**：以种子繁育或扦插繁育为主。待果实成熟后采收，去杂洗净阴干后用于播种。应随采随播，15～20天后种子发芽挺出沙面，待长出1、2片真叶就可下营养袋分植。

◆ **种植技术**：宜选择疏松肥沃，排水良好的地块种植。移栽前先整地，清除地块内的杂灌草，深翻细作。开挖种植穴，植穴规格因苗木大小而异，以大于土球直径30cm左右为宜，穴内施足基肥；合理密植，营养袋苗移栽至大田种植时，株距1.5m，行距2m为宜。栽培前期可适当间种，以利于提高土地利用率和促进生长。每年于春至夏季施肥2、3次，夏季注意浇水防旱，保持土壤湿润；冬季需温暖避风。因分枝低而多，栽培初期要勤修枝，一般修到1.5～2.0m高后可不再修整，让其分杆蓄枝。五桠果适应性强，管理粗放，生长较迅速，2年实生苗胸径可达4～5cm。

大花五桠果（大花第伦桃）

Dillenia turbinata Finet et Gagnep.

五桠果科（*Dilleniaceae*）**五桠果属**（*Dillenia*）

─**识别特征**─

　　常绿乔木。叶革质，倒卵形或长倒卵形，长12～30cm，宽7～14cm，先端圆形或钝，基部楔形，不等侧；侧脉16～27对，两面隆起，边缘有锯齿，叶柄长2～6cm，粗壮，有窄翅被褐色柔毛，基部稍膨大。总状花序生枝顶，有花3～5朵。花大，直径10～12cm，有香气，黄色，有时黄白色或浅红色。果实近于圆球形，不开裂，直径4～5cm，暗红色。

◆ **季相变化及物候**：花期4～5月，果期7～8月。

◆ **产地及分布**：主要分布于越南，我国广东海南岛、广西及云南南部（西双版纳、普洱、文山、红河）等地也有分布。

◆ **生态习性**：为阳性树种，喜高温、湿润、阳光充足的环境，生长适温 18 ～ 30℃；对土壤要求不严，喜土层深厚、湿润、肥沃的微酸性壤土，不宜种植于砾土或碱性过强的土壤中。生长迅速，根系深，不怕强风吹袭。

◆ **园林用途**：是热带、亚热带地区的庭园观赏树种，可作行道树、庭院树、公园树；宜列植于道路旁，孤植或散植于庭院、公园、居住小区中；同时，由于其叶形优美，叶脉清晰，盆栽观叶也极为适宜。

◆ **观赏特性**：树姿优美，树冠开展如盖，分枝低，下垂至近地面，叶大荫浓，四季常春，具有极高的观赏价值。

◆ **繁殖方法**：以种子繁育为主。果实成熟时，采收并取出种子；播种前将种子浸于热水中 1h，随后点播或条播于砂质壤土中，经 30 ～ 40 天能发芽，留床 1 ～ 2 年后移植；盆栽播种时，在苗床留栽 1 年后即可移植。

◆ **种植技术**：宜选择土层深厚、湿润、肥沃的微酸性壤土种植。种植前先整地，清除地块内的杂灌草，合理密植。栽培管理较为粗放，移植时可采用裸根移植，但要注意不可干燥；若在雨天移植，成活率高。大树移栽时最好带土球，主干留 1.5 ～ 2m 高。夏季生长后可适当修剪整形，修剪疏密生枝交叉枝、重叠枝、病虫枝、枯枝，对伤口过大的主枝要及时用石硫合剂涂抹伤口，以防伤口被病菌侵染影响树势的生长。并加强病虫害的防治，移栽后 3 ～ 4 年能开花。秋季果熟后，树体营养水平相对较低，采果后必须及时施足肥料，有机肥和复合肥施用，施肥量应占全年的 50% 左右；施肥以树冠滴水为界环状沟施，在采果后一周施完，并及时灌水。

48

羊脆木（滇南海桐、杨翠木）

Pittosporum kerrii Craib

海桐花科（*Pittosporaceae*）**海桐花属**（*Pittosporum*）

识别特征

　　常绿小乔木或灌木。叶长 6 ～ 15cm，宽 2 ～ 5cm，单叶互生，厚革质，二年生，常簇生于枝顶、倒披针形至倒卵状披针形，或为长椭圆形；顶端短尖或渐尖，基部楔形，无毛；侧脉 7 ～ 10 对，在下面突起，靠近边缘处互相结合，全缘。圆锥花序顶生，由多数伞房花序组成，花序柄与花序轴均被褐色柔毛；花黄白色，有芳香。蒴果短圆形。

◆ **季相变化及物候**：花期 4 ～ 6 月，果期 7 ～ 12 月。

◆ **产地及分布**：产于我国云南（景东、玉溪、蒙自一线以南），亦见于泰国及缅甸。

◆ **生态习性**：耐光也耐阴，喜温暖湿润气候，喜肥沃湿润的土壤。

◆ **园林用途**：可用作庭荫树、园景树，适合丛植于公园中形成庇荫环境，也可孤植于草坪上。

◆ **观赏特性**：树形高大，树形优美，冠大荫浓，遮阴效果好，且四季常绿，给人郁郁葱葱的感觉。

◆ **繁殖方法**：种子繁殖。在果熟时采果，暴晒脱裂后取出种子，混沙贮藏，待播种前用温水浸泡 24h，播于苗床中，25 ～ 30 天即可发芽。

◆ **种植技术**：宜选择土壤湿润肥沃的半阴坡种植。种植前先整地，将育苗地上的杂灌木和草全部清除，然后挖定植穴。株行距以 3m×（3 ～ 4）m 为宜，定植穴规格以 50cm×50cm×50cm 为宜。挖好定植穴后，开始栽植前，先回填表土，并配合施腐熟肥。栽植后浇透定根水，并定期水肥管理，每年 1、2 次除杂除草，追施全效肥，修剪枝叶。羊脆木易患叶斑病，应及时清除枯落枝叶、病叶，注意通气，用 0.5% 波尔多液或 5% 百菌清可湿性粉剂 600 ～ 750 倍液喷雾，轮换进行喷雾防治，每 15 天左右喷 1 次。

伊桐（盐巴菜、木桃果）

Itoa orientalis Hemsl.

大风子科（*Flacourtiaceae*）伊桐属（*Itoa*）

识别特征

常绿乔木，短暂换叶。叶长 13～40cm，宽 6～14cm，单叶互生，薄革质，椭圆形或卵状长圆形或长圆状倒卵形，顶端锐尖或渐尖，基部钝或近圆形，边缘有钝齿，上面深绿色，脉上有疏毛，下面淡绿色，密生短柔毛，中脉在上面稍凹，在下面突起；叶柄有柔毛。花单性，雌雄异株。蒴果大，椭圆形，长达 9cm，密被橙黄色绒毛，后变无毛，外果皮革质，内果皮为木质，从顶端向下及从基部向上 6～8 裂。

◆**季相变化及物候**：花期 5～6 月，果期 9～10 月。

◆**产地及分布**：产我国四川、云南、贵州和广西等省区，越南也有分布。

◆**生态习性**：喜光，能耐半荫，喜温暖湿润，喜深厚、肥沃土壤。

◆**园林用途**：可用作行道树、庭院树，也可种植于公园中，群植和孤植皆可。

◆**观赏特性**：树姿雄伟，叶大荫浓，花无花瓣但有香气，卵圆形的木质蒴果金黄色，经久不落，是良好的观果树种。

◆**繁殖方法**：种子繁殖。在 9～10 月果实成熟时，选择生长健壮的母树进行采种。

◆**种植技术**：宜选择光照充足，土壤肥沃、湿润的地方种植。在定植前应首先进行场地的清理和平整，然后挖定植穴。定植穴规格以 40cm×40cm×50cm 为宜，定植后浇足定植水，两个半月后每半月施尿素水溶液 3、4 次，2～3 年春秋季施用农家肥 1 次，保证树木有机养分的供给。并定期修剪枝叶。

银木荷

Schima argentea Pritz. ex Diels

山茶科（*Theaceae*）木荷属（*Schima*）

常绿乔木。小枝幼时有银色绒色，老枝皮孔圆形明显。单叶互生，革质，椭圆形或短圆状椭圆形，长 7～13cm，宽 2～5cm，先端渐尖，基部楔形，全缘，上面深绿，下面密被灰白色短绒毛；叶柄短粗，长 10～15mm，被短毛。花两性，生于叶腋，萼 5，圆形，外被银色绢状毛，花瓣 5，白色。蒴果球形，直径约 16mm，木质，深褐色，外面微被白色毛，室背开裂，萼宿存。

◆**季相变化及物候**：花期 7～8 月，果期 9～11 月。

◆**产地及分布**：产我国四川、云南、贵州、湖南；我国西南地区均有分布。

◆**生态习性**：喜阳树种，喜光，幼时耐生境阴湿，喜温暖湿润气候，较耐寒，对土壤要求不严，耐干旱瘠薄。

◆**园林用途**：庭荫树，园景树，防护林树种，一般孤植，也可以与其他常绿阔叶树种混植做风景林。

◆**观赏特性**：树形优美，四季常青，夏季花色洁白，芳香。

◆**繁殖方法**：种子繁殖。果实 9 月底～10 月初成熟，蒴果呈黄褐色、微裂时采集。蒴果采回后先阴干 1～2 天，再曝晒 3～4 天，果皮开裂后筛取种子。种植地应是中等肥沃的酸性土地，深翻 20～25cm 做苗床。在 3 月中旬播种，播种量每亩 8～9kg，均匀撒播于床面，覆细土以种子半掩半露为度，盖草约 1cm 左右。播种后 20 天出芽，揭去盖草。除草每月 2、3 次，拔草后施肥，掌握由稀到浓，每月 1、2 次，以氮肥为主。在 5 月、6 月和 7 月间苗，每平方米定苗数，第一次留苗 130 株，第二次留苗 110 株，第三次留苗 90 株，同时注意病虫害的防治。当苗高 25cm 以上，地径 0.5cm 以上，次年苗木可出圃。

52

◆种植技术：选择在土层深厚、肥沃，空气湿度大，光照充足的地块，整地挖穴规格 50cm×40cm×30cm，挖穴时先将表土搁在一边，心土叠埂上，然后再回表土于穴内。苗木应选择一级苗栽植，定植季节以大寒至立春苗木萌芽前最佳。栽植时做到随起、随运、随栽，不伤根、不伤皮，根舒、打紧、栽直等。种植后应加强管理，前3年每年锄草、松土2次。

木荷

Schima superba Gardn. et Champ

山茶科（*Theaceae*）木荷属（*Schima*）

◀ 识别特征 ▶

　　常绿大乔木，嫩枝通常无毛。叶革质或薄革质，椭圆形，长7～12cm，宽4～6.5cm，先端尖锐，有时略钝，基部楔形，下面无毛，侧脉7～9对，在两面明显，边缘有钝齿；叶柄长1～2cm。花生于枝顶叶腋，常多朵排成总状花序，直径3cm，白色，花柄长1～2.5cm，纤细，无毛；花瓣长1～1.5cm，最外1片风帽状，边缘多少有毛。蒴果直径1.5～2cm。

◆**季相变化及物候**：花期 6～8 月。

◆**产地及分布**：产我国浙江、福建、台湾、江西、湖南、广东、海南、广西、贵州。

◆**生态习性**：属阳性树种，喜光，喜温暖湿润，较耐寒，能耐短期 -10℃低温；对土壤要求不甚严格，一般肥力中等土壤均能生长茂盛，但以土壤肥沃、排水良好的酸性砂质土壤生长最好。

◆**园林用途**：适作行道树或园景树列植或群植于庭院或公园中，叶片为厚革质，可用作防火树种，也具有很好的药用价值。

◆**观赏特性**：树型高大挺拔，树冠浓荫，花有芳香，叶茂常绿。

◆**繁殖方法**：种子繁育。9～10 月间，蒴果呈黄褐色，即将开裂时采集，然后堆放 3～4 天，最后摊晒取种。播种前用木荷种子先用 1%高锰酸钾水溶液进行消毒处理，再用 50℃的温水反复浸种 3 次，每次大约10h，浸种后置于温暖处催芽，当种子有 20%左右发芽时可播种。

◆**种植技术**：宜选择土壤肥沃、阳光充足、排水良好的酸性砂质土。种植前整地，清除杂草，挖定植穴，每穴穴底施农家肥 5kg 或复合肥 200g，然后回土进行覆盖。每年除草两次，并结合除草施肥，第 1 次在 5 月上旬，半环施复合肥 100g/株；第 2 次在 7 月下旬，半环施复合肥 200g/株。第二、三、四年在 2 月上旬，并在第一年对应的地方环施复合肥 200g/株，第 2 次在 6 月，半环施复合肥 300g/株。木荷经过 5 年的栽植培育，即可进行移栽或销售。

54

西南木荷（红木荷）

Schima wallichii（DC.）Choisy

山茶科（*Theaceae*）木荷属（*Schima*）

识别特征

常绿乔木，树皮破裂时可至人皮肤痒痛，老枝多白色皮孔。叶长10～17cm，宽5～7.5cm，单叶互生，嫩叶淡红色，成熟时绿色，薄革质，椭圆形，顶端尖锐，基部阔楔形，全缘；叶柄有柔毛。花数朵生于枝顶叶腋，白色，芳香，花柄有柔毛，苞片2片，位于萼片下，早落。蒴果扁球形，木质，径约2cm，果柄较粗短，有皮孔。

◆ **季相变化及物候**：叶春天露红色，花期6～8月，果期10～12月。

◆ **产地及分布**：产我国贵州西南部、广西西部，云南文山、德宏、红河、西双版纳州、玉溪、普洱、临沧、保山地区各县以及楚雄、大理、曲靖地区南部有产。分布于印度、尼泊尔、中南半岛及印度尼西亚等地。

◆ **生态习性**：幼龄树耐荫，大树喜光，喜温暖湿润气候，适宜砖红壤、砖红壤性红壤、山地红壤和黄壤，耐贫瘠。

◆ **园林用途**：可作香花树种用于庭院、公园，抗火性强，也可用于工厂，群植、散植、孤植皆可。

◆ **观赏特性**：树形优美，树冠浓荫，终年常绿，花白而芳香，是优良观赏树种之一。

◆ **繁殖方法**：种子繁殖。选择蒴果成黄褐色，果壳尚未裂开时采集。采回先堆放数日，然后摊晒，种子落出后筛选扬净，放在通风干燥处贮藏，次年早春播种。

◆**种植技术**：宜选择在光照条件好，排水性好的砖红壤性土、砖红壤性红壤、山地红壤和黄壤种植。种植前先整理地块，清除砖石瓦块及枯枝、杂草。种植穴规格以 40cm×40cm×30cm 为宜。最佳定植季节为雨季初期，雨水下透之后，也可在早春或冬季定植。定植后注意管理，每年松土除草 2 次，每年 6 月每株施复合肥 100～150g，采用半环状沟，深 15cm 左右埋施方法，把肥均匀施于沟内，然后覆土。

肋果茶（毒药树）

Sladenia celastrifolia Kurz.

猕猴桃科（*Actinidiaceae*）毒药树属（*Sladenia*）

识别特征

常绿乔木。小枝粗壮，微呈棱角状，当年生枝密被黄绿色微绒毛；皮孔显著，近圆形或椭圆形。叶厚纸质，椭圆形或倒卵形，顶端钝尖，具短尖头，基部钝形或近圆形，边缘全缘或微呈浅波状，上面深绿色，密被黄绿色微绒毛，叶脉上更密。花单性，异株，由叶腋或叶已脱落的叶痕腋芽生出；花瓣 5，外面被疏柔毛。核果幼时绿色，干燥后紫褐色，长卵圆形或近椭圆形，被微绒毛。

◆ **季相变化及物候**：花期3～5月，果期9～11月。

◆ **产地及分布**：产云南省南部，分布缅甸北部和泰国北部。

◆ **生态习性**：喜光，稍耐荫，喜肥沃、湿润土壤耐寒性稍强。

◆ **园林用途**：肋果茶为云南新选出的乡土绿化树种，可以列植作行道树，也可作为公园或庭院的园景树或庭荫树。

◆ **观赏特性**：干形挺直，叶色青翠，冠大荫浓，遮阴效果好。

◆ **繁殖方法**：常用种子繁殖。收获的种子（小干果）在通风处晾干，至宿存萼片能干脆折碎，即可。用布袋、竹箩等置于室内干燥通风处贮藏，至第二年春用于播种。春播种子发芽率高由于种子细小覆土不能过深可用少量腐叶土覆盖，早晚喷水二次至发芽出苗。由于发芽率低，肋果茶宜采用撒播，并要加大播种量，播后以细土覆盖，至不见种子，再加盖一层松针，然后浇透水。播种发芽过程比一般林木种子缓慢。

◆ **种植技术**：春季定植1年生苗。栽植前挖比土球直径大20cm的定植穴，施复合肥每穴500g并用细土拌匀。大苗在冬季落叶后至翌年春苗木发芽前带土球移植。起苗前要先将苗地灌足水，使土壤湿润，带土起苗，土球直径为地径的5～6倍，将露出土球的过长的主、侧根剪断。大苗放入后填平栽植穴，在穴周围浇透定根水，一周后再浇一次水。后期结合水肥管理，对树体进行修剪，促进主干通直生长。

红花蒲桃（马窝果、果马根）

Syzygium malaccense（L.）Merr. et Perry

桃金娘科（*Myrtaceae*）**蒲桃属**（*Syzygium*）

识别特征

常绿乔木，高达 15m。嫩枝粗大，圆柱形，干后灰褐色。叶片革质，狭椭圆形至椭圆形，长 16～24cm，宽 6～8cm，先端尖锐，基部楔形，上面干后暗绿色，无光泽，下面黄绿色；中脉下面凸起，侧脉 11～14 对，以 45 度角斜伸，离边缘 3～5mm 处汇合成边脉，又在靠近边缘 1mm 处有 1 条不明显的边脉；侧脉间距 1～1.5cm，网脉明显；叶柄长约 1cm。聚伞花序生于无叶老枝上，花 4～9 朵簇生，总梗极短；花梗长 5～8mm，粗大，有棱；花红色，长 2.5cm；萼管倒锥形，长与宽均约 1cm，萼齿 4，近圆形，长 5～6mm，宽 7～8mm，先端圆；花瓣分离，圆形；雄蕊长 1～1.3cm，分离；花柱与雄蕊等长。果实卵圆形或壶形，长约 4cm；种子 1 个。

◆ **季相变化及物候**：花期 5 月，果期 7～8 月

◆ **产地及分布**：产我国西双版纳、河口及台湾；马来西亚、印度、老挝和越南也有分布，东南亚一带广泛栽培供食用。

◆ **生态习性**：喜温暖湿润气候、喜光、稍耐阴，喜排水良好的肥沃酸性土壤，生于杂木林。

◆ **园林用途**：宜在庭院、单位、小区、公园绿地等处作园景树栽培，可孤植、丛植、片植。

◆**观赏特性**：花红果靓，开花时满树深桃红色的花朵争奇斗艳，"万枝丹彩灼其华，又见桃花别样红"，美不胜收；明媚的阳光透过枝叶斑驳地洒在花朵上，细小珍珠般的水珠在花瓣丝上闪光，美轮美奂，赏心悦目。

◆**繁殖方法**：尚未见报道。

◆**种植技术**：尚未见报道。

四棱蒲桃

Syzygiumte tragonum Wall.

桃金娘科（*Myrtaceae*）**蒲桃属**（*Syzygium*）

─ 识别特征 ─

常绿乔木。嫩枝粗大，四角形，有明显的棱。叶片革质，椭圆形或倒卵形，长 12～18cm，宽 6～8cm，先端圆或钝，而有一个长约 1cm 的尖头，基部阔楔形或圆形，侧脉 9～13 对，网脉明显；叶柄长 1～1.6cm，粗壮。聚伞花序组成圆锥花序，生于无叶的枝上，长 3～5cm；花无梗；花瓣连合成帽状。果实球形，直径约 1cm。

◆**季相变化及物候**：花期7～8月。

◆**产地及分布**：产我国广东海南岛、广西、云南南部等地；分布于锡金、不丹及印度。

◆**生态习性**：属阳性树种，喜光，耐高温酷暑，怕干旱；对土壤要求不严格，一般中等肥力土壤均能生长茂盛，但以土层深厚肥沃的中壤至砂壤土生长最好。

◆**园林用途**：树干通直、宜作园景树、行道树，花叶果均可观赏，可孤植或群植于公园、庭院等绿地中，观赏效果极佳。

◆**繁殖方法**：种子繁育。方法较简单，可即采即播；压条繁育。一般在5～7月高温高湿季节进行，压条选择2～3年生、直径1～2cm生长健壮的枝条为宜，30天左右可发根，2～3月后落地假植。

◆**种植技术**：宜选择肥沃、疏松、潮湿的微酸性砂壤土种植。种植前整地清除杂草，挖定植穴。定植穴1m×1m×5m，种植期间应保持土壤湿润，干旱时期应经常浇水，在苗木生长过程中，应施肥充足，而在生长期不再追肥，防止苗木徒长，同时应及时修剪病枝、徒长枝，使苗木通风良好。

千果榄仁（大马缨子花）

Terminalia myriocarpa Vaniot Huerck et Muell.-Arg.

使君子科（*Combretaceae*）诃子属（*Terminalia*）

识别特征

　　半常绿乔木，短暂落叶。具大板根。小枝被褐色短绒毛或变无毛。叶长 10～18cm，宽5～8cm，单叶对生，厚纸质，长椭圆形，顶端有一短而偏斜的尖头，基部钝圆。大型圆锥花序，顶生或腋生，总轴密被黄色绒毛；花极小，极多数，两性，红色。瘦果细小，红色，极多数，有3翅，其中2翅等大，1翅特小。

◆**季相变化及物候**：花期8～9月，果期10～12月，落叶期现红色果序，景观优美。

◆**产地及分布**：产于我国广西、西藏和云南；越南北部、泰国、老挝、缅甸北部、马来西亚、印度东北部、锡金也有分布。

◆**生态习性**：喜光树种，喜温暖湿润气候，土壤以砖红壤性土壤为主。

◆**园林用途**：可用作行道树、园景树和风景林树，种植于公园、广场、开阔的草坪，列植、丛植、群植和孤植皆可。

◆**观赏特性**：树形优美，枝条向四周伸展，遮阴效果好，四季常绿，开花时红色的花在翠绿色的枝叶衬托下显得更加娇艳、果实期呈现满树红色，惹人喜爱。

◆**繁殖方法**：种子繁殖。种子在11月下旬成熟，当果实由青变为蓝黑色时即可采集，采回后搓擦果实去果皮，漂洗干净，置于通风室内阴干，待种壳水迹消失后，便可贮藏，多采用湿润河沙分层贮藏。如需催芽播种，可贮藏在温度较高或有阳光照射的地方，立春前后种子开始大量

萌动，播种后可提早数天发芽。

◆**种植技术**：宜选择土层深厚，腐殖质含量高，空气湿度较大的地块。定植穴规格以 50cm×50cm×30cm 为宜，表土回穴。每个定植穴油枯 0.2kg 或复合肥 0.2kg 作基肥，将肥料与穴内土壤充分拌匀，待油枯腐熟后再种植。雨水节气前后选择阴天或小雨天定植，苗木定植前适当修枝，摘除叶子，剪去过长或受到损伤的根系。栽植后 3 ～ 5 年内，每年松土除草 2 次，第 1 次在 4 ～ 5 月，第 2 次在 8 ～ 9 月。定植当年除草施肥宜在下半年进行。

大叶藤黄

Garcinia xanthochymus Hook.f. ex T. Anders.

藤黄科（*Guttiferae*）藤黄属（*Garcinia*）

识别特征

常绿乔木。小枝和嫩枝具明显纵棱。叶两行排列，厚革质，具光泽，椭圆形或长方状披针形，长 14 ～ 34cm，宽 4 ～ 12cm，顶端急尖或钝，基部楔形或宽楔形，中脉粗壮，两面隆起，侧脉密集，网脉明显；叶柄粗壮，基部马蹄形，微抱茎。伞房状聚伞花序腋生；花两性，花梗长 1.8 ～ 3cm；萼片和花瓣 3 大 2 小，边缘具睫毛。浆果圆球形或卵球形，成熟时黄色，基部通常有宿存的萼片和雄蕊束。种子具瓢状假种皮。

◆ **季相变化及物候**：花期 3～5 月，果期 8～11 月。

◆ **产地及分布**：分布于喜马拉雅山东部，孟加拉东部经缅甸、泰国至中南半岛及安达曼岛，我国广西西南部（零星分布）云南南部（西双版纳较集中），广东有引种栽培。

◆ **生态习性**：为阳性树种，喜光，不耐荫，耐干旱瘠薄，习性强健，适应性强，苗期生长比较缓慢。

◆ **园林用途**：四季常绿，树姿优美，可作庭荫树、园景树，宜孤植或散植于庭院、草坪或道路广场。

◆ **观赏特性**：树形优美，树冠塔形，枝繁叶茂，枝叶披散下垂，果实金黄色，极具观赏效果。

◆ **繁殖方法**：以种子繁育为主。清除果肉后用湿沙或草木灰搓净假种皮，洗净阴干。宜随采随播，播种深度 5～8cm，间距 10～15cm，每穴 3 粒；播后覆草，经常保持土壤湿润，幼苗期适当遮阴。

◆ **种植技术**：宜选择土壤肥沃疏松、排灌便利的地方种植。移栽前先整地，清除地块内的杂灌草，深翻细作。种植穴因苗木规格而异，以大于土球直径 30cm 左右为宜，植穴内要施足底肥。随起随栽，扶正填土踏实，浇足定根水。旱季注意浇水，保持土壤湿润，雨季及时排涝。施肥可结合中耕除草进行，每年 2、3 次。及时修枝整形扶干，疏除枯枝、病枝、过密枝，保持树冠通风采光良好。

铁力木（铁棱、埋波朗、喃木波朗、莫拉）

Mesua ferrea L.

藤黄科（*Guttiferae*）铁力木属（*Mesua*）

常绿乔木，具板状根，创伤处渗出带香气的白色树脂。叶嫩时黄色带红，老时深绿色，革质，通常下垂，披针形或狭卵状披针形至线状披针形，长 6～12cm，宽 2～4cm，顶端渐尖或长渐尖至尾尖，基部楔形，上面暗绿色，微具光泽，下面通常被白粉。花两性，1～2顶生或腋生，直径 3～5cm；萼片 4 枚；花瓣4 枚，白色；雄蕊花药金黄色。果卵球形或扁球形，成熟时长 2.5～3.5cm，常 2 瓣裂。

◆ **季相变化及物候**：花期 3～5 月，果期 8～10 月。

◆ **产地及分布**：产我国广东（信宜）、广西（藤县，容县）、云南（西双版纳，孟连、瑞丽、陇川、梁河、耿马、沧源）等地，通常零星栽培。从印度、斯里兰卡、孟加拉、泰国经中南半岛至马来半岛等地均有分布。

◆ **生态习性**：铁力木是热带季雨林特有树种，喜光，幼时耐阴，适宜生存于年均气温 20～26℃，最冷月均气温 12.6℃，极端低温 1℃以上，年降雨量≥1200mm，年均相对湿度 80%以上等地。

◆ **园林用途**：是优美的庭院观赏树，可作行道树、庭荫树、园景树；宜列植于道路旁，孤植或散植于广场、草坪、公园、居住小区等处。

◆ **观赏特性**：树形紧凑优美，树干端直，嫩叶黄色带红，花洁白雅致，观赏效果极佳，为傣族传统栽培的佛教礼仪植物。

◆ **繁殖方法**：以种子繁育为主。铁力木种子含油率较高，种子不宜日光曝晒，也不宜久藏，宜随采随播。播种前用 40℃温水浸种 12h，可提高发芽率。播种后保持土壤湿润，不宜浇水太多，否则会导致种子腐烂，播后 15～20 天种子开始发芽。

◆ **种植技术**：宜选择土层深厚肥沃，排水良好的向阳地块种植。种植清除前杂草，一年生铁力木幼苗需荫蔽度 50%～70%，苗期生长慢，当年苗高仅 10～25cm。培育 1.5～2 年后，当苗高 50 ～ 70cm，便可移栽培育大苗，可每年追施一次有机肥，铁力木幼时主干不明显，分枝多，可根据培育的需要适当修剪。如作园景树，幼树期应有选择地留侧枝，修剪成型；作行道树在幼苗期需除去侧芽或修剪侧枝，促进主干生长。培育园林景观大苗一般需 4 ～ 5 年，幼树高 2m 以上时才能形成景观效果。

假苹婆

Sterculia lanceolata Cav.

梧桐科（*Sterculiaceae*）苹婆属（*Sterculia*）

识别特征

常绿乔木。小枝幼时被毛。叶椭圆形、披针形或椭圆状披针形，长 9 ～ 20cm，宽 3.5 ～ 8cm，顶端急尖，基部钝形或近圆形，上面无毛，下面几无毛，侧脉每边 7 ～ 9 条，弯拱，在近叶缘不明显连结；叶柄长 2.5 ～ 3.5cm。圆锥花序腋生，长 4 ～ 10cm，密集且多分枝；花淡红色。蓇葖果鲜红色，长卵形或长椭圆形，长 5 ～ 7cm，宽 2 ～ 2.5cm，顶端有喙，基部渐狭，密被短柔毛。

◆**季相变化及物候**：花期4～6月，果期7～9月。

◆**产地及分布**：原产我国广东、广西、云南、贵州和四川南部。

◆**生态习性**：属阳性树种，喜温暖多湿气候，不耐干旱，也不耐寒，对土壤要求较不严格，一般肥力较低的砂质壤土也能生长，但以土层深厚肥沃、疏松、排水良好的土生长最好。

◆**园林用途**：适合孤植、丛植、列植或与其他树种搭配种植于庭院、公园中，是优良的园林观赏树种。

◆**观赏特性**：树冠广阔，树姿优雅，蓇葖果色泽红艳、观赏效果极佳。

◆**繁殖方法**：播种繁殖。当种子成熟开裂时，即可带果采下，剥出种子，种子不宜在日光下暴晒，也不能脱水。播种前用甲基托布津或灭菌灵等进行杀菌处理，用条点播法播种，1周发芽。

◆**种植技术**：目前尚未见报道，参照苹婆。宜选择土层深厚肥沃、疏松、排水良好处。种植前先整地，将育苗地上的杂灌木和草全部清除，然后挖定植穴。种植时间在3～5月，定植穴80cm×80cm×60cm为宜，施足有机肥，结合少量化肥，并配以磷肥，种植期间要注意适当的覆盖稻草，保持土壤湿润，防止土壤板结。幼树年施肥4～6次。成年需要较多的营养，为防止树势减弱，一般在深秋施有机肥。在开花期间，若遇到干旱天气，应给树冠喷洒水分，增加空气湿度，以利于开花和着果。苗木生长期间若树势生长旺盛而开花结果少，需适当修枝整形，利于树冠内部通风透光，即可减少木虱以及由其引发的烟煤病，也有利于开花和着果。即在采果后疏剪去部分蜜生枝、弱枝和病枯枝。一般在定植3～4年后即可结果。

秋枫（万年青树、重阳木）

Bischofia javanica Bl.

大戟科（*Euphorbiaceae*）秋枫属（*Bischofia*）

识别特征

常绿或短暂落叶乔木，树皮红褐色。小枝无毛。叶长 7～15cm，宽 4～8cm，三出复叶，稀 5 小叶；叶片纸质，卵形、椭圆形、倒卵形或椭圆状卵形，顶端急尖或短尾状渐尖，基部宽楔形至钝，边缘有浅锯齿，每 1cm 长有 2、3 个，幼时仅叶脉上被疏短柔毛，老渐无毛；托叶膜质，披针形，早落。花小，雌雄异株，多朵组成腋生的圆锥花序。果实浆果状，圆球气形或近圆球形，直径 6～13mm，淡褐色；种子长圆形，长约 5mm。

◆ **季相变化及物候**：花期 4～5 月，果期 8～10 月，半落叶树种。

◆ **产地及分布**：产于我国陕西、江苏、安徽、浙江、江西、福建、台湾、河南、湖北、湖南、广东、海南、广西、四川、贵州、云南等省区；分布于印度、缅甸、泰国、老挝、柬埔寨、越南、马来西亚、印度尼西亚、菲律宾、日本、澳大利亚和波利尼西亚等。

◆ **生态习性**：喜光，幼树稍喜阴，喜温暖而耐寒力较差，对土壤要求不高，但在土层深厚、湿润肥沃的土壤中生长更好。

◆ **园林用途**：可用作行道树和庭荫树、园景树，耐湿性强，可作堤岸绿化树种。

◆ **观赏特性**：高大挺拔，树冠圆整，树姿优美，早春叶色亮绿鲜嫩，清新自然，入秋变为红色，充满勃勃生机，是良好的观叶树种。

◆ **繁殖方法**：可种子繁殖，也可扦插繁殖。选择当年采收的籽粒饱满、没有病虫害的种子。播种前用温热水浸泡的方法对种子进行消毒和催芽。

扦插繁殖应选择半木质化且无明显分枝的长 6～15cm 的枝条进行扦插。剪取插穗时须使用专用剪子，使剪口平滑，插穗容易产生愈伤组织和生根。剪取插穗和扦插时应避免太阳暴晒，宜在阴天或上午 10 点前及下午 4 点后进行，插后遮阴。

◆**种植技术**：宜选择光照充足，肥沃、疏松、排水良好、土层深厚、腐殖质丰富的缓坡种植。种植前先整地，清除杂草，挖定植穴规格以 50cm×50cm×40cm 为宜。定植时先回填表土，并配合施基肥。每株施复合肥 100g，过磷酸钙 200g，栽植时要注意适当深栽，避免露出地径基部。栽植后浇透定根水。每年松土除草 2 次，分别在雨季前后，同时结合追肥，每次每株施复合肥 100～150g，以促进苗木生长。每年修剪一次分枝，保持树形优美。常见虫害为叶蝉。

移依（红叶移）

Docynia indica（Wall.）Dcne.

蔷薇科（*Rosaceae*）移木衣属（*Docynia*）

—— 识别特征 ——

常绿乔木，有时短暂落叶。一二年生枝条红褐色，多年生枝条紫褐色或黑褐色。单叶互生，叶片椭圆形或长圆披针形，通常边缘有浅钝锯齿。花3～5朵，丛生，花梗短或近于无梗，被柔毛；花瓣长圆形或长圆倒卵形，白色。梨果近球形或椭圆形，黄色，幼果微被柔毛；萼片宿存，直立，两面均被柔毛；果梗粗短并被柔毛。

◆**季相变化及物候**：花期3～4月，果期7～9月。

◆**产地及分布**：产我国云南东北部、四川西南部；印度、巴基斯坦、尼泊尔、不丹、缅甸、泰国、越南也有分布。

◆**生态习性**：阳性树种，喜温暖湿润气候，以排水良好的肥沃的沙质酸性土壤为佳。

◆**园林用途**：庭院树、公园树，可孤植于草坪间或群植。

◆**观赏特性**：叶片深绿色，坚纸质；花白色，花季如点点繁星点缀于树上。

◆**繁殖方法**：种子繁殖。选择健康成熟的母株，待果实由青色到黄色是采摘丰满的果实，用人工方法将果肉与种子分离，淘洗去后，收集沉入水底的饱满种子与湿沙混藏催芽，1～3天后种子露白时即可播种。

◆**种植技术**：种植选择水肥条件好的阳坡或半阳坡的肥沃、湿润的山地作为造林地。按行株距 5m×5m，植穴深宽各 60cm，每穴栽苗 1 株。每年培蔸施肥，施肥以枯饼、农家肥为宜。投产后应进行适当的修枝整形，保持良好树体结构，以提高结实量。采收果实成熟时，要合理采收，避免折断树枝。

球花石楠

Photinia glommerata Rehd. et Wils.

蔷薇科（*Rosaceae*）**石楠属**（*Photinia*）

-**识别特征**-

　　常绿乔木。幼枝密生黄色绒毛。叶片革质，长圆形、披针形、倒披针形或长圆披针形，先端短渐尖，基部楔形至圆形，常偏斜，边缘微外卷，有具腺内弯锯齿，上面中脉初有绒毛，下面密生黄色绒毛，以后部分或全部脱落；叶柄初密生绒毛。花多数，密集成顶生复伞房花序；花瓣白色。果实卵形，红色。

◆**季相变化及物候**：花期 4～5 月，果期 9～10 月，冬、春均有红叶出现。**产地及分布**：主产我国长江流域及秦岭以南地区，如云南、四川等地，华北地区有少量栽培，多呈灌木状。

◆**生态习性**：喜光，稍耐荫；喜温暖，但不耐高温；耐寒，能耐短期的低温；喜排水良好的肥沃土壤，也耐干旱和瘠薄；能生长在石缝中，不耐水湿。生长较慢，适应能力强，对污染具有一定的抗性和净化作用，对二氧化硫、氯气有较强的抗性。

◆**园林用途**：可以孤植、列植或与其他树搭配栽植于公园或庭园内做景观树，也可做行道树；耐修剪，可以修剪成树篱。

◆**观赏特性**：树形优美，树冠圆形，叶丛浓密，嫩叶红色，花白色、密生，冬季果实红色，鲜艳夺目。

◆**繁殖方法**：常用种子繁殖。选择优良母树，采种母树以 15～30 年生的健壮树为好，采集方法可用人工震落再承接收集，采种后堆放沤熟，捣烂漂洗取净，种籽阴干，层积沙藏处理，种籽与沙的比例为 1:1，于雨季进行大田直播。播前，进行水选，淘汰上浮种子后浸水 24h，播种，果蒂向上，发芽较快。播种后应两天喷 1 次水，喷水时间选择在正午烈日暴晒时，可促进种子发芽。种子播种后约 30 天可发芽，35 天左右幼苗可全部出土。及时清除苗圃地杂草，当幼苗长出新根时便可施肥，开始时每 10 天用 0.1% 的尿素喷施 1 次；随着幼苗逐渐长大，尿素质量分数可提高到 0.2%。每次施肥后应及时用水喷洗幼苗，避免肥害。

◆**种植技术**：定植通常选在春季 3～4 月进行，小苗定植需多带宿土，大苗定植要带土球，并修剪部分枝叶，栽植前做好整地，施足基肥，栽后要及时浇足定根水，高温季节每 15 天宜浇水 1 次，入秋后浇水间隔时间可适当延长。球花石楠萌芽强，耐修剪，对发枝力强、枝多而细的植株，应强剪或疏剪部分枝条，增强树势。发枝弱的应轻剪长留，促使多萌发花枝。开花后，应将长枝剪去，促使叶芽生长。冬季，主要以整形为目的，修剪密生枝和无用的枝条。

铁刀木（黑心树）

Cassia siamea Lam

苏木科（*Caesalpiniaceae*）决明属（*Cassia*）

> **识别特征**
>
> 　　常绿乔木。偶数羽状复叶，叶长 20～30cm；
> 小叶对生，6～10 对，革质，长圆形或长圆状椭
> 圆形，长 3～6.5cm，宽 1.5～2.5cm，顶端圆钝，
> 常微凹，有短尖头，基部圆形，上面光滑无毛，
> 下面粉白色，边全缘。总状花序生于枝条顶端的
> 叶腋，花序轴被灰黄色短柔毛；萼片 5 裂；花瓣 5，
> 黄色。荚果扁平，长 15～30cm，宽 1～1.5cm，
> 边缘加厚，被柔毛，熟时带紫褐色。

◆**季相变化及物候**：花期 4～6 月，果期 10～12 月至翌年 1 月。

◆**产地及分布**：分布于印度、泰国、斯里兰卡、马来西亚、缅甸、越南等亚热带地区；我国
除云南有野生外，南方各省区均有栽培。

◆**生态习性**：铁刀木为喜温喜阳树种，但也耐一定庇荫，有霜冻地区不能正常生长，忌积水，
耐热、耐旱、耐瘠薄、耐碱，喜欢湿润肥沃石灰性及中性冲积土壤。生长迅速，病虫害少，抗污
染，易移植。

◆**园林用途**：是维护成本较低的优良绿化树种，可作行道树、庭院树、园景树、防护林树；宜列植于道路旁，孤植、丛植于庭园、校园、公园绿地、景区、寺庙等地，也宜群植成防护林。

◆**观赏特性**：终年常绿，枝叶苍翠；叶茂花美，开花期长，开花能诱蝶；是常见的观花及观果植物。

◆**繁殖方法**：以种子繁育为主。3～4月选择实生健壮母树采种，荚果采回后曝晒取种。春季为播种适期，播种前用70℃热水浸种，自然冷却后换清水浸两天。然后取出盖以湿麻袋，待种子略裂时播种。发芽适温为25℃。

◆**种植技术**：铁刀木对土壤要求不严格，在热带、南亚热带南区的砖红壤、红壤及山地、坡地、洼地均可种植。季节选择在7～8月的雨季进行，一般采用块状整地，用1年生苗或2～3年生苗，雨季初期浆根栽植。定植3～4个月后要及时进行除草、松土，生长期每2～3个月施肥一次。幼树冬季落叶后，春季萌芽前宜修剪。

格木

Erythrophleum fordii Oliv.

苏木科（*Caesalpinioideae*）格木属（*Erythrophleum*）

识别特征

乔木。嫩枝和幼芽被铁锈色短柔毛。叶互生，二回羽状复叶，无毛；羽片通常3对，对生或近对生，长20～30cm，每羽片有小叶8～12片；小叶互生，卵形或卵状椭圆形，长5～8cm，宽2.5～4cm，先端渐尖，基部圆形，两侧不对称，边全缘。由穗状花序所排成的圆锥花序长15～20cm；总花梗上被铁锈色柔毛。荚果长圆形，扁平，厚革质，有网脉。

◆**季相变化及物候**：花期5～6月；果期8～10月。

◆**产地及分布**：原产我国云南、广西、广东、福建、台湾、浙江等地；越南有分布。

◆**生态习性**：属阳性树种，不耐寒，耐水湿，喜温暖湿润气候；对土壤要求较不严格，一般肥力的土壤均能生长，但以土层深厚、肥沃、排水良好的酸性土生长最好。

◆**园林用途**：可做行道树、庭荫树、园景树，可孤植、丛植、群植、列植于公园、庭院、道路，也可作"四旁"绿化树。

◆**观赏特性**：树冠浓荫苍绿，终年常绿，荚果带状扁平，厚革质，花白色，密生，观赏价值高。

◆**繁殖方法**：用种子繁殖。播种前用80～100℃沸水浸种。搅拌至冷却为止，或用浓硫酸浸种10min，然后用水洗去胶质，并用清水浸泡12h，再行播种，经5～12天发芽，发芽率达86%以上。1年生苗高达30～40cm，可移栽培育大苗。

◆**种植技术**：宜选择土层深厚、肥沃、排水良好的地方种植；种植前整地，清除杂草，挖定植穴规格50cm×50cm×30cm。夏秋进行除草施肥1次，次年4～5月间结合松土增施氮、

磷、钾复混肥，每株 100～200g。格木移栽后需连续管理 3 年可定植。主要的病虫害是线虫病，主要发生在苗期，防治方法：播种前翻晒苗床，进行土壤消毒；蛀梢蛾危害幼苗、幼树，受害株数常达 90% 以上，幼树偶有尺蛾类害虫食叶，严重时全林叶片被食光。对此两种害虫要注意虫情测报工作，及时剪除并烧毁被害嫩梢，当幼虫羽化为成虫期间，用黑光灯诱杀成虫。此外，可用40% 乐果乳剂 1000 倍液喷洒，每周 1 次。

酸豆（酸角、罗望子）

Tamarindus indica L.

苏木科（*Caesalpinioideae*）酸豆属（*Tamarindus*）

识别特征

常绿乔木或短暂换叶。一回偶数羽状复叶，小叶小，长圆形，长 1.3～2.8cm，宽 5～9 mm，先端圆钝或微凹，基部圆而偏斜。总状花序或圆锥花序；花黄色或杂以紫红色条纹。荚果圆柱状长圆形，肿胀，棕褐色，常不规则地缢缩。种子 3～14 颗，褐色，有光泽，叶酸。

◆**季相变化及物候**：花期 5～8 月，果期 12 月～翌年 5 月。

◆**产地及分布**：原产于非洲，现各热带地均有栽培。我国主要分布于福建、广东、台湾、海南、广西、四川、云南等省区。其中云南被称为"酸角之乡"，常分布于云南的金沙江、怒江、元江干热河谷及西双版纳一带海拔为 50～1350m 的热量高的地方。

◆**生态习性**：酸角喜欢炎热气候，最适宜在温度高、日照长、气候干燥，干湿季节分明的地区生长。对土壤条件要求不是很严，生命力强，在质地疏松、较肥沃的南亚热带红壤、砖红壤和冲积沙质土壤均能生长发育良好，而在黏土和瘠薄土壤上生长发育较差，耐旱抗风寿命长。

◆**园林用途**：四季常绿，枝粗冠大，可作行道树、庭院树、公园树、防护林树；宜列植于道路旁，孤植于庭院或草坪中，适宜于海滨地区种植，也宜制作盆景。

◆**观赏特性**：树姿雄伟秀丽，枝叶浓密。

◆**繁殖方法**：以种子繁育为主。选择品质好、结果多的优良母株采集成熟果实，除去果皮和果肉，取出种子，洗净、晾干保存。待秋季或春季时播种，播种前若事先用 25～30℃ 的温水浸泡种子 5～6h，促进其萌发。

◆**种植技术**：宜选择土层深厚、肥沃，排水良好、向阳开阔的地方种植。整地前先清除地块内的杂灌草，植穴按 1.4m×0.7m×1.0m 规格开挖，每穴施 15kg 厩粪或 30～40kg、3kg 磷肥，拌土分层回填，表土回在下层，回填后做好蓄水圈，待雨水浸沉后定植。宜在小雨季后、大雨季来临时栽种；栽种时要将根系舒展开，苗木扶正，填土时轻轻向上提苗、踏实，使根系与土充分密接；栽植深度以根颈部与地面相平为宜。定植成活后待抽发新梢时，追施腐熟清粪水，多次少量，距根茎 7～10cm 围绕树周，并于每年 7～8 月进行全面中耕、扩塘、弧形沟施肥。11 月初应松植穴表土，就地割草覆盖整厚度不少于 10cm，并从四周拢土压实。定植第一年可不修剪，第二年开始培养主杆，剪除弱枝、披垂枝、密集枝、内膛枝、病虫枝，修剪时间宜在 1～3 月上旬进行。

76

无忧花

Saraca declinata Miq.

苏木科（*Caesalpinioideae*）无忧花属（*Saraca*）

识别特征

　　常绿乔木。叶有小叶 5～6 对，嫩叶略带紫红色，下垂；小叶近革质，长椭圆形、卵状披针形或长倒卵形，长 15～35cm，宽 5～12cm，基部 1 对常较小，先端渐尖、急尖或钝，基部楔形，侧脉 8～11 对；小叶柄长 7～12mm。花序腋生，较大；花黄色，后变红色。荚果棕褐色，扁平，长 22～30cm，宽 5～7cm，果瓣卷曲；种子 5～9颗，形状不一，扁平，两面中央有一浅凹槽。

◆ **季相变化及物候**：花期 4 ～ 5 月；果期 7 ～ 10 月。

◆ **产地及分布**：产我国云南东南部至广西西南部、南部和东南部；老挝、越南有分布。

◆ **生态习性**：属阳性树种，喜温暖、湿润，耐高温酷暑，不耐寒冷忌霜，在 13℃ 以下生长停滞，5℃ 左右有冷害；对土壤要求不甚严格，一般肥力中等土壤均能生长，但以排水良好、湿润肥沃的土壤生长最好。

◆ **园林用途**：热带、南亚热带观赏价值较高的庭院绿化和观赏树种

◆ **观赏特性**：树型美观，枝叶繁密，花开艳如火。

◆ **繁殖方法**：种子繁殖。8 月间，荚果成熟，在常温条件下，需要混沙储藏。种子无明显的休眠现象。播前用冷水浸种 12h，除去上浮的干瘪种及带虫口的种子，捞出晾干既可待播。种子繁殖在 18℃ 以上，一般 8 月下旬将种子密播在湿沙床或圃地，9 月下旬开始发芽，10 月份为发芽盛期，发芽率可达 80%。

◆ **种植技术**：宜选择土层深厚、排水良好、中性至微碱性湿润肥沃的地方种植。种植前先整地，将育苗地上的杂灌木和草全部清除。株行距用 3m×2m、3.0m×1.5m、2m×2m 为宜，定植穴 40cm×40cm×40cm，每坑放垃圾肥 1.5 ～ 2.5kg，或鸡屎肥或猪粪肥 0.51g，根据实际情况可加适量生石灰拌匀以中和酸性。先将一定量的表土与底肥充分混匀，再回填树穴，回填土应高于种植穴 1 ～ 2cm，以利于培育大苗，正常情况下，一般需移栽 2 次，培育 3 ～ 4 年，移栽需在阴天进行。苗期管理过程中可适当遮阴，每月施氮肥 1 次，入秋后停止施肥。栽植时苗干要竖直，深浅要适当，填土 1/2 时用手轻压实。再填土压实。最后覆上疏松的土壤，覆土面应略超过苗木根茎。

比原土痕深 1 ～ 2cm。种完后淋足 1 次定根水。

细青皮（高阿丁枫）

Altingia excelsa Noronha.

金缕梅科（*Hamamelidaceae*）蕈树属（*Altingia*）

识别特征

　　常绿乔木。叶薄，干后近于膜质，卵形或长卵形，先端渐尖或尾状渐尖，基部圆形或近于微心形，上面干后暗绿色。雄花头状花序常多个再排成总状花序；雌花头状花序生于当年枝顶的叶腋内，通常单生，有花 14 ～ 22 朵。头状果序近圆球形，蒴果完全藏于果序轴内，无萼齿，不具宿存花柱。

◆**季相变化及物候**：花期8～9月，果期11月～翌年2月。

◆**产地及分布**：细青皮是热带山地常绿阔叶林的优势种，主要分布于印度、不丹、缅甸、泰国、老挝、越南、柬埔寨、马来半岛及印度尼西亚等地。我国西藏东南部（墨脱县）、云南南部及东南部（红河、临沧、普洱、西双版纳、德宏、保山等州、市）为其分布区北缘。

◆**生态习性**：喜光，幼树稍耐阴，喜温暖湿润气候及深厚湿润土壤，也能耐干旱瘠薄。

◆**园林用途**：园林中可用作行道树或风景林。

◆**观赏特性**：树干直立，树型紧凑，冠大荫浓，终年常绿，遮阴效果极好。

◆**繁殖方法**：常用子繁殖。细青皮种子细小具翅，成熟后极易脱落飞散，不易收集。因此，采种要及时，当蒴果变为黄褐色，且部分开裂时即可采收，将果实摊开晾晒，蒴果裂开后用木棒轻敲，种子即可脱出。细青皮种子贮藏寿命短，一般随采随播，播种前清水浸种24h。合理施肥可缩短细青皮育苗时间，一般能提前1～2个月出圃。细青皮在苗期施用0.5%钙美磷肥+1%复合肥或0.5%尿素+1%复合肥，

◆**种植技术**：定植前施有机肥5kg/株为宜，定植后浇透水；每年5～6月及1～11月结合松土除草追施以氮肥为主的复合肥，施用量为100～150g/株。

马蹄荷（合掌木）

Exbucklandia populnea （R. Br.） R. W. Brown

金缕梅科（*Hamamelidaceae*）马蹄荷属（*Exbucklandia*）

识别特征

常绿乔木。小枝节膨大。叶长10～17cm，宽9～13cm，单叶互生，革质，阔卵圆形，全缘，上面深绿色，发亮；叶柄圆筒形，无毛；托叶椭圆形或倒卵形，长2～3cm，宽1～2cm，有明显的脉纹。头状花序单生或数枝排成总状花序，有花8～12朵。头状果序直径约2cm，有蒴果8～12个；蒴果椭圆形。

◆ **季相变化及物候**：花期4～5月，果期8～9月。

◆ **产地及分布**：分布于我国西藏、云南（普洱、玉溪、红河、怒江）、贵州及广西的山地常绿林中；亦见于缅甸，泰国及印度。

◆ **生态习性**：喜光，稍耐阴，喜温暖湿润气候，喜土层深厚、排水良好、微酸性的土壤。

◆ **园林用途**：可用作行道树、庭院树或在山地营造风景林，孤植、丛植、群植、片植皆可。

◆ **观赏特性**：树姿美丽，树干通直，叶子像马蹄，大而有光泽，独特的叶形引人注目，是奇特的观叶树种。

◆ **繁殖方法**：种子繁殖。选择树龄12年以上的健壮母树采种。果由青变黄褐色（达到生理成熟）即可采收。果收回后摊晒3～4天至微裂后，放置于通风处阴干，待果开裂，种子脱出，选出纯净种子，用麻袋包装放在通风阴凉的地方进行干藏贮存。

◆ **种植技术**：宜选择在空气湿度大，光照充足，土层深厚，排水良好的微酸性土地种植。种植前整地，清除杂草，然后挖定植穴。定植穴以80cm×80cm×50cm为宜。定植要浇足定根水。定植后头3年每年除草松土2次。抚育要求近根处浅松，远根处深松，第2～3年可结合第一次抚育追施混合肥，每株100g。注意及时把病虫木、部分多余的萌芽枝条砍掉，在抚育时把枯枝落叶堆积埋于树兜周围，以改良土壤，促进树木生长。

壳菜果

Mytilaria laosensis Lec.

金缕梅科（*Hamamelidaceae*）壳菜果属（*Mytilaria*）

识别特征

常绿乔木。小枝粗壮，无毛，节膨大，有环状托叶痕。叶革质，阔卵圆形，全缘，或幼叶先端3浅裂，先端短尖，基部心形；上面干后橄榄绿色，有光泽；下面黄绿色，或稍带灰色，无毛。肉穗状花序顶生或腋生，单独。花多数，紧密排列在花序轴；花瓣带状舌形。蒴果长，外果皮厚，黄褐色，松脆易碎。

◆ **季相变化及物候**：花期6～7月，果期10～11月。

◆ **产地及分布**：分布于我国云南的东南部、广西的西部及广东的西部；亦分布于老挝及越南的北部。

◆ **生态习性**：喜光，耐半阴，有一定的耐寒力，喜生于土层深厚、湿润的山坡地。

◆ **园林用途**：壳菜果是我国南方新开发的优良速生阔叶树种，生态价值高，可作行道树、园景树，也用作公路绿化、森林公园片植、混交风景林等绿化树种。宜孤植、丛植、列植等。

◆ **观赏特性**：树形紧凑，叶片掌状，亮绿，新叶橙红色，观赏性强。

◆ **繁殖方法**：常用种子繁殖。10月份种子成熟，经树上15～20天果壳自然干缩，先端开裂弹出种子，采摘种子后摊晒4～5天，选择排水良好的缓坡地，微酸性轻壤土做圃地。

◆**种植技术**：种植地选择丘陵地的中下坡和排水良好的谷地，土层深 100cm 以上，表土层 10cm 以上，土质松肥湿润。采用全垦整地，细致整地，开条沟点播，沟深 2～3cm，行距 18～21cm、株距 12～15cm，盖土厚 2cm；种植当年和第 2 年各除萌条一次。作乔木栽培应培养中心干；如作灌木栽培，每年去顶，整形两次。

山杨梅

Myrica rubra （Lour.） S. et Zucc.

杨梅科（*Myricaceae*）杨梅属（*Myrica*）

识别特征

　　常绿乔木。小枝幼嫩时仅被圆形盾状着生的腺体。叶革质，常密集于小枝上端部分，叶片楔状倒卵形或长椭圆状倒卵形，长 5～14cm，宽 1～4cm，顶端圆钝或具短尖至急尖。花雌雄异株；雄花序单独或数条丛生于叶腋，圆柱状，长 1～3cm，每一雌花序仅上端 1（稀 2）雌花能发育成果实。核果球状，外表面具乳头状凸起，外果皮肉质，多汁液及树脂，味酸甜，成熟时深红色或紫红色。

◆ **季相变化及物候**：花期4月，果期6～7月。

◆ **产地及分布**：原产于我国云南、江苏、浙江、台湾、福建、江西、湖南、贵州、四川、广西和广东；日本、朝鲜和菲律宾有分布。

◆ **生态习性**：阳性树种，不耐寒；对土壤要求不严格，一般肥力中等的山区土地均能生长繁茂，但以土层深厚、疏松肥沃、排水良好的微酸性黄壤土栽钟最好。

◆ **园林用途**：宜群植、孤植或列植于各种类型的城市绿地中，是很受欢迎的树种。

◆ **观赏特性**：树型紧凑，树冠圆整，枝叶浓密，初夏果实惹人喜爱。

◆ **繁殖方法**：种子繁育。鲜种子萌芽率最高，10～12月进行播种。不是鲜种子，播种前需要进行砂藏8个月，播种后覆土厚度约1cm，再用稻草或其他遮阴物覆盖，保温保湿。

◆ **种植技术**：宜选择土层深厚、疏松肥沃、排水良好的微酸性至酸性壤土。一般选择2月中旬至3月上旬栽植，可配置1%雄株，且分散栽植，以提高授粉能力。苗木在定植时先修剪伤根，剪除过长的枝条，做好定干工作，天气干燥剪去叶片的1/3～1/2，以减少水分蒸发，然后将苗木放入穴中，定植后及时检查，若发现叶片萎蔫卷曲应及时剪除叶片，防止生理失水。栽植管护期间应及时浇水及施肥，施肥一般采用环状施肥、条沟施肥、土面撒施几种方法，幼树施肥一般用草木灰、土杂肥为主种植。第一年6月底株施50g尿素，到8月份再株施腐熟菜籽饼0.25kg，或腐熟栏肥5～10kg；第二、三年，2月底株施尿素100～150g，10月施腐熟菜籽饼0.5kg、草木灰1kg；第四年，6月份株施硫酸钾0.5～1kg，过磷酸钙0.25kg，11月份施腐熟饼肥1.5～2.5kg，或腐熟栏肥15～25kg。

木麻黄

Casuarina equisetifolia Forst.

木麻黄科（*Casuarinaceae*）木麻黄属（*Casuarina*）

识别特征

常绿乔木，高达 30m，胸径 70cm。树皮在幼树上赭红色；成枝暗褐色，纵裂。枝红褐色，有密集的节。小枝灰绿色，下垂，似松针，长 10～27cm，粗 0.6～0.8，节间长 4～6mm，每节通常有退化鳞片叶 7 枚，节间有棱 7 条，部分小枝冬季脱落。花单性，同株或异株。聚合果椭圆形，外被短柔毛，雌花序紫色。果序球形，苞片有毛，小坚果连翅长 4～7mm。

◆ **季相变化及物候**：花期 4～5 月，果期 7～10 月。

◆ **产地及分布**：原产澳大利亚和太平洋岛屿；我国云南、广西、广东、福建、台湾沿海地区普遍栽植。

◆ **生态习性**：喜光树种，适应性强，较耐寒；主根深长、侧根发达，树干、树枝都会形成不定根。耐盐碱、耐沙埋和海潮侵渍。

◆**园林用途**：可做行道树，园景树、风景林，是固坡防风的优良树种。

◆**观赏特性**：树冠开展，小枝下垂，姿态优雅、婆娑。

◆**繁殖方法**：常用种子繁殖。选择 10～12 年生的短枝型中的细枝类型，要干形直，树冠呈塔形，枝桠细密，抗风力强，生长迅速的优良植株采种。果实呈黄褐色或灰褐色，鳞片微裂时采种，暴晒 2～3 天，待种子自行脱落后，收集贮藏。播种时期以 5～6 月或 10～11 月为宜，亦可 2～3 月播种，播前将种子用温水（45～50℃）浸泡，后用湿沙贮藏 2～3 天，待种子萌动后，取出稍晾，用根瘤菌拌种，将根瘤菌先捣碎，并与细土拌匀，再与种子混合后播种育苗。

◆**种植技术**：宜选择在土质疏松、肥沃，空气湿度大，光照充足的地块，挖穴深 30cm 以上，穴与锄头等宽。施基肥后不回土。种苗后都要将比较大棵苗木的下半部枝叶脱除，以减小苗木水份蒸发，提高成活率。种后如遇天气晴朗，应每隔 3～5 天浇水一次，连浇半个月后苗木一般即可成活。待到第 2～3 年后，可每株施复合肥 0.15～0.3kg 促进植株生长。

波罗蜜（牛肚子果）

Artocarpus heterophyllus Lam.

桑科（*Moraceae*）波罗蜜属（*Artocarpus*）

识别特征

常绿乔木。老树常有板状根。托叶抱茎环状，遗痕明显。叶革质，螺旋状排列，椭圆形或倒卵形，先端钝或渐尖，基部楔形，成熟之叶全缘，或在幼树和萌发枝上的叶常分裂，表面墨绿色，有光泽，背面浅绿色，略粗糙。聚花果椭圆形至球形，或不规则形状，幼时浅黄色，成熟时黄褐色，表面有坚硬六角形瘤状凸体和粗毛；果内包含若干枚瘦果，瘦果长椭圆形。

◆**季相变化及物候**：花期 2～4 月，果熟期 6～10 月。

◆**产地及分布**：原产印度和马来西亚；我国广东、海南、广西、云南（南部）常有栽培。

◆**生态习性**：阳性树种，需阳光充足，但幼苗忌强烈阳光。在温暖湿润的热带和近热带气候条件下生长良好。对土壤要求不严，在土层深厚肥沃、排水良好的地方生长旺盛，忌积水。

◆**园林用途**：适于作庭荫树和行道树；可孤植、列植。

◆**观赏特性**：树冠成伞形或圆锥形，树体高大，叶色浓绿亮泽，果实生于树干，果形奇特、巨大，是园林结合生产的良好树种。

◆**繁殖方法**：播种繁殖；6～10月果熟时采种。从优良母株上取果，选择母株上发育良好、形状端正的果实，待成熟后采下后熟。选取饱满、圆形的种子，立即放入清水中，搓洗2～3min，换水搓洗两遍，将果粒上的果肉和糖分搓洗干净。洗种之后，对种子做消毒处理，然后用沙床催芽。要选用细河沙做芽床，湿度要求为25%。用手握捏不粘手，能立即地散开，18～30℃之间催芽20天左右，如果8～18℃，催芽需要35天左右。催芽期间经常观察沙床的干湿状况，及时淋水，以保持土面的湿润为原则。苗高3～5cm移栽。

◆**种植技术**：选择土层深厚肥沃的地块。挖种植穴株，40cm×40cm×40cm，定植苗宜3年生以上的苗木。一般定植在雨季进行，适当修剪叶片，栽植后2～3月抽新梢和抽花序前施肥一次，6～7月果实膨大时再施1次肥壮果，秋冬修剪过密枝、纤细枝、枯枝等，有利于通风透光。

高山榕（大青树、大叶榕）

Ficus altissima Bl.

桑科（*Moraceae*）榕属（*Ficus*）

常绿乔木。叶长 8 ～ 21cm，单叶互生，厚革质，广卵形至广卵状椭圆形，顶端钝，急尖，基部宽楔形，全缘，两面光滑，无毛；叶柄粗壮；托叶厚革质，外面被灰色绢丝状毛。隐头花序成对腋生，球形。隐花果表面有瘤状凸体，成熟时红色或淡红色。

◆ **季相变化及物候**：花期 3 ～ 4 月，果期 5 ～ 7 月。

◆ **产地及分布**：分布于尼泊尔、锡金、不丹、印度（安达曼群岛）、缅甸、越南、泰国、马来西亚、印度尼西亚、菲律宾等地，我国分布于海南、广西、四川，云南南部至中部、西北部。

◆ **生态习性**：阳性树种，喜高温多湿气候，对土壤条件要求不严格，耐干旱贫瘠。

◆ **园林用途**：可用作庭荫树、园景树，适合孤植、丛植于公园、广场、庭院、寺庙等。

◆ **观赏特性**：树形高大，主干明显，枝条散中有紧，密而不叠；叶片大小适中，质地厚，叶色浓绿，枝叶秀丽，不论寒暑都能碧绿不衰，有较高的观赏价值。

◆ **繁殖方法**：扦插繁殖。末秋初用当年生枝条进行嫩枝扦插，或早春用上一年生的枝条进行老枝扦插。嫩枝扦插时，选用当年生粗壮枝条为插穗，剪下枝条，选取壮实的部位，剪成 10 ～ 15cm 长的 1 段，每段要带 3 个以上的叶节；进行老枝扦插时，选取上一年的健壮枝条做插穗，每段插穗保留 3、4 个节，剪取方法同嫩枝扦插。插穗生根的温度以 20 ～ 30℃为宜，低于 20℃，

插穗生根困难；高于 3℃，插穗的剪口容易受病菌慢染而腐烂。同时，扦插后必须保持空气相对湿度为 75％～85％。

◆**种植技术**：宜选择在光照条件好的地块种植。种植前先整理地块，清除砖石瓦块及枯枝、杂草。挖定植穴，规格以 80cm×80cm×120cm 为宜，并回填 1/3 的红土。定植时将高山榕修剪为自然圆头形，中心主干高于其他主枝 30～40cm。定植后浇透定根水，之后每 2～3 天浇 1 次水，连续浇 3 次即可。栽后约 25～27 天，幼叶即可展开，表示已成活。栽后 1～2 天，喷 1 次 50％的多菌灵可湿性粉剂 800 倍液或 75％的百菌清 600～800 倍液。20～25 天后，再喷 1 次，以防病虫害。

垂叶榕（细叶榕）

Ficus benjamina L.

桑科（*Moraceae*）榕属（*Ficus*）

识别特征

　　常绿乔木。小枝下垂。单叶互生，叶薄革质，卵形至卵状椭圆形，先端短渐尖，基部圆形或楔形，全缘，一级侧脉与二级侧脉难于区分，平行展出，直达近叶边缘，网结成边脉，两面光滑无毛；上面有沟槽；托叶披针形。榕果成对或单生叶腋，基部缢缩成柄，球形或扁球形，光滑，成熟时红色至黄色。

◆ **季相变化及物候**：花果期 8 ～ 12 月。

◆ **产地及分布**：产我国广东、海南、广西、云南、贵州；亚州南部均有分布。

◆ **生态习性**：阳性树种，喜光；喜高温，忌低温干燥环境；生长发育的适宜温度为 23 ～ 32℃，耐寒性较强，可耐短暂 0℃ 低温，喜湿润。以肥沃疏松的腐叶土为宜，pH 6.0 ～ 7.5，不耐瘠薄和碱性土壤。

◆ **园林用途**：可孤植、列植、群植；适合做行道树或是栽植于庭院、公园，还可修剪做造型。

◆ **观赏特性**：四季常青，姿态优美，它小枝微垂，摇曳生姿。绿叶青翠光亮，典雅飘逸，状如丝帘。幼树可作多种造型，制成艺术盆景。

◆**繁殖方法**：扦插繁殖；可在 4～6 月进行，选取生长粗壮的成熟枝条，取嫩枝顶端，除去下部叶片，上部留 2、3 片叶，剪口有乳汁溢出，可用温水洗去或以火烤之，使其凝结，再插于砂床中，保持温度 24～26℃，并需要较高的空气湿度，一个月左右即可生根。生根后上盆，置于阴凉处，待其生长到 20～30cm 时再移至光线充足处或室外培养。

◆**种植技术**：选择阳光充足，土层深厚的地方栽植。定植成活后，生长期每月施 1、2 次液肥，促进枝叶茂密，秋末及冬季可少施或不施肥。生长期须经常浇水，夏季需水量更多，应经常喷叶面水。茎叶生长繁茂时要进行修剪，促使萌发更多侧枝，并剪除交叉枝和内向枝，达到初步造型。平时对密枝、枯枝应及时剪除。以利通风透光。病虫害防治常见叶斑病危害，发病初期可用 200 倍波尔多液喷洒 2、3 次防治。生长期有红蜘蛛危害，则用 40% 三氯杀螨醇乳油 1000 倍液喷杀。

柳叶榕

Ficus binnendijkii Miq.

桑科（*Moraceae*）榕属（*Ficus*）

┤**识别特征**├

　　常绿大乔木，小枝微下垂。叶较小，披针形，长 5～10cm，先端细尖，深绿色，有光泽。隐花果球形，径约 1.2cm，熟后黑色。

◆ **季相变化及物候**：花期 4～8 月；果期 10 月。

◆ **产地及分布**：产于热带、亚热带的亚洲地区；我国广东、广西、海南、云南等省（区）有分布和栽培。

◆ **生态习性**：属阳性树种，喜温暖而湿润的气候，较耐寒；对土壤要求较不严格，一般肥力中等土壤均能生长繁茂，但以土层深厚肥沃、疏松、排水良好的土生长最好。

◆ **园林用途**：宜作园景树，常植于庭院、公园绿地或列植作行道树。

◆ **观赏特性**：株型美观，姿态优美，四季常青，具有较高的园林观赏价值和生态价值。

◆ **繁殖方法**：扦插繁育。扦插一般选择在春季进行，插穗选择生长健壮、易成活的嫩枝，截成 20cm 左右长的一段，以细沙作为扦插基质，直接插入圃地，并保持圃地土壤湿润，约 1 个月左右即可发根。

◆ **种植技术**：宜选择土层深厚肥沃、疏松、排水良好的地方种植。植前整地，清除杂草，挖定植穴。株行距 25cm×25cm 为宜，种植穴底放入火土灰，利于苗木生根，定植后应注意保持土壤湿润，定植的苗约 20 天左右可长出新叶，即可进行施肥，每 15 天施一次，以氮肥为主，另外，栽培期间，将定植塘内及保护带上的草全部除净。定植当年雨季结束后主要进行扩塘除草松土，相同抚育管理措施连续进行，直至出苗圃地，以后可根据实际情况不定期进行清除杂灌草工作，注意及时修枝扶干整形。

硬皮榕（厚皮榕）

Ficus callosa Willd.

桑科（*Moraceae*）榕属（*Ficus*）

识别特征

　　高大乔木，高 25～35m，树干通直，胸径 25～35cm；树皮灰色至浅灰色，平滑、坚硬。叶革质，广椭圆形或卵状椭圆形，长 10～30cm，宽 8～15cm，先端钝或圆，具短尖，基部圆形至宽楔形，全缘，表面绿色，有光泽，背面浅绿色，干后灰绿色，侧脉 8～11 对，网脉两面突起；叶柄长 3～9cm；托叶卵状披针形，长 1～1.8cm，被柔毛。榕果单生或成对生叶腋，梨状椭圆形，淡绿色，成熟时黄色，长 1.2～2.5cm，直径 1～1.5cm，顶部平，基部渐缢缩为长约1cm的柄，基生苞片 3，披针状卵形，长约 2mm；总梗 1～1.2cm；雄花两型，散生榕果内壁或近口部，花被片 3～5，匙形，雄蕊 1、2 枚，花丝细，如为 1 枚则无花丝，有肥厚的柄；瘿花和雌花相似，花被下部合生，上部深裂 3～5 裂，裂片宽披针形，花柱侧生，柱头深 2 裂；瘿花柱头极短。瘦果倒卵圆形。

◆**季相变化及物候**：终年常绿，花果期 7～10 月。

◆**产地及分布**：产我国云南南部、广东、福建；常见于海拔 600～800m 林内或林缘，或引种栽培为庭园风景树。斯里兰卡、印度、缅甸、泰国、越南、马来西亚、印度尼西亚、菲律宾等地有分布。

◆**生态习性**：阳性植物，喜光，喜温暖、湿润的气候条件，不耐寒冷；土壤不择。

◆**观赏特性**：树体高大挺拔，枝繁叶茂，叶终年亮绿，在高温高湿的气候条件下易形成板根，犹如瀑布从树体向地面倾泻，最长可达 6m，极为壮观，浅绿色的果实显得欣欣向荣。

◆**园林用途**：应用广泛，适于公园绿地、道路、单位、小区、工厂等栽培，作园景树、庭荫树、

行道树等，可孤植、对植、列植、丛植、群植。

◆**繁殖方法**：扦插或播种繁殖。硬皮榕的枝条萌发能力较强，易生根，在雨季剪取长约15cm的半木质化枝条，扦插与素红壤或净河砂、泥炭等基质，遮阴保湿，1～1.5个月生根后移栽。

◆**栽培技术**：定植前整地，挖穴80cm×80cm，施复合肥或半腐熟有机肥做底肥，栽植后浇透水，后常规管理，每年入秋施复合肥一次。

雅榕（万年青）

Ficus concinna（Miq.）Miq.

桑科（*Moraceae*）榕属（*Ficus*）

识别特征

常绿乔木。叶狭椭圆形，全缘，先端短尖至渐尖，基部楔形，两面光滑无毛，小脉在表面明显；托叶披针形，无毛。榕果成对腋生或3、4个簇生于无叶小枝叶腋。

◆ **季相变化及物候**：隐花果，花果期3～8月。

◆ **产地及分布**：产我国广东、广西、贵州、云南；中南半岛各国，马来西亚、菲律宾、北加里曼丹也有分布。

◆ **生态习性**：喜光，喜温暖湿润气候，耐水湿。喜温暖湿润气候及肥沃的酸性土壤，抗旱。

◆ **园林用途**：作行道树、庭荫树、园景树，孤植、列植、丛植、群植均可。

◆ **观赏特性**：树冠宽广圆满，枝叶茂盛，枝下的垂生气生根，可以形成良好的景观效果。

◆ **繁殖方法**：扦插繁殖。扦插一般于春末夏初及秋季气温较高时进行。扦插时可以选择1～2年生木质化枝条，剪取5～15cm作为插条，上部保留3、4片叶片；为防止树液流出，可将切口浸于水中或沾上木炭粉；将插条1/3～1/2插入备好的插床中，保持插床湿润。在25～30℃温度及遮阴条件下，一个月左右可以生根。

◆ **种植技术**：选择土壤肥沃，透水性良好的地段整地。定植前保持苗木根部有足够的基土。幼苗移植后一般生长都比较快，必须根据苗木生长速度，逐步增加施肥。在生长期，每10天到半个月淋施一次液肥，有时浇水时也可在水中加入一些尿素。如果需要后期对树体进行造型，造型时可以利用植物的"顶端优势"，小苗时可将主干弯曲绑扎，促使基部最大的侧枝朝上生长，延伸为主干，其长到一定高度后，又变换方向弯曲绑扎，让一侧枝朝上生长，如此反复1～2年可形成需要的造型。

大青树

Ficus hookeriana Corner

桑科（*Moraceae*）榕属（*Ficus*）

识别特征

大乔木。叶大，薄革质，长椭圆形至广卵状椭圆形，长 10～30cm 或更长，宽 8～12cm，先端钝或具短尖，基部宽楔形至圆形，表面深绿色，背面白绿色，全缘，基生叶脉三出，侧脉 6～9 对，在近边缘处弯拱向上而相网结；叶柄圆柱形，粗壮，长 3～5cm；托叶膜质，深红色，披针形，长 10～13cm，脱落。榕果成对腋生，无总梗，倒卵椭圆形至圆柱形，长 20～27mm，宽约 10～15mm，顶部脐状凸起，基生苞片合生成杯状。

◆**季相变化及物候**：花期 4～10 月。

◆**产地及分布**：产我国广西、云南（大理、昆明、富宁一线以南地区）、贵州（兴义）；尼泊尔、锡金、不丹、印度东北部（阿萨姆）也有栽培。

◆**生态习性**：阳性树种，喜温暖湿润气候，稍耐寒，对土壤条件要求不严格，耐干旱贫瘠。

◆**园林用途**：可用作庭荫树，适合孤植于公园、广场、庭院、寺庙等。

◆**观赏特性**：树大阴浓，树姿稳健，根系发达，是特色鲜明乡土树种，大青树被尊崇为"风水树""神树"，当作一种崇拜物来供奉，象征着兴旺繁盛。

◆**繁殖方法**：种子繁殖。选树形高大、健壮的成年大树作为母树。待果实成熟落地后，拾取新鲜、饱满的果实，掰开晒干后取出种子，或连同果实一齐搓细、过筛，在干燥、通风的自然环境中储藏备用。不必洗去果肉，但需防止果实霉变。

◆**种植技术**：宜选光照条件好的地方种植。种植前先整理地块，清除砖石瓦块及枯枝、杂草。挖定植穴，株行距以 5m×5m 为宜，定植穴规格以 120cm×120cm×120cm 为宜，定植后浇透定根水。并注意及时修剪枝叶，保持良好树型。

瘤枝榕

Ficus maclellandi King

桑科（*Moraceae*）榕属（*Ficus*）

（识别特征）

常绿乔木。小枝具棱，密被瘤体。叶互生，革质，长圆形至卵状椭圆形，长 8～13cm，宽 4～6cm，先端渐尖至短尖，基部圆形至渐狭，全缘，基生叶脉离基展出，侧脉 11～13 对，小脉两面明显，脉间具钟乳体；叶柄长 1.3cm；托叶披针形，被白色柔毛。榕果成对腋生，直径 6～8mm，成熟时紫红色，有瘤体。

◆**季相变化及物候**：花期5～6月。

◆**产地及分布**：原产印度东北部（阿萨姆）、越南、缅甸、泰国、马来西亚（吉打）；我国云南（泸水、景东、普洱、元江、麻栗坡）也产。

◆**生态习性**：阳性树种，喜温暖湿润气候，对土壤条件要求不严格，耐干旱贫瘠。

◆**园林用途**：可孤植、列植于公园绿地、风景名胜处，作风景树、庭荫树。

◆**观赏特性**：树冠宽广圆满，枝叶浓密，四季常青，果丰硕，具有很好的观赏价值。

◆**繁殖方法**：同柳叶榕。扦插繁育。扦插一般选择在春季进行，插穗选择生长健壮、易成活的嫩枝，截成20cm左右长的一段，以细沙作为扦插基质，直接插入圃地，并保持圃地土壤湿润，约1个月左右即可发根。

◆**种植技术**：宜选择土层深厚肥沃、疏松、排水良好的地块种植。植前先整地，种植前整地，清除杂草，挖定植穴。株行距25cm×25cm为宜，种植穴底放入火土灰，利于苗木生根，定植后应注意保持土壤湿润，定植的苗约20天左右可长出新叶，即可进行施肥，每15天施一次，以氮肥为主，另外，栽培期间，将定植塘内及保护带上的草全部除掉，以免由于遮阳影响苗木生长。定植当年雨季结束后主要进行扩塘除草松土，以后可根据实际情况不定期进行清除杂灌草工作，注意及时修枝扶干整形，另外，由于瘤枝榕根系的损伤或腐烂会导致落叶，但根系损伤生长在土中不易发觉，因此，浇水不能过多或过少，可在不伤根的前提下，查看根部，适当的修剪死根、弱根、伤根。

小叶榕

Ficus microcarpa L. f.

桑科（**Moraceae**）榕属（**Ficus**）

识别特征

常绿大乔木，枝上有环状托叶痕，有乳汁。叶薄革质，狭椭圆形，全缘，基部楔形；榕果成对腋生或生于已落叶枝叶腋，成熟时黄或微红色，扁球形，无总梗，基生苞片3，宿存。

◆ **季相变化及物候**：花果期5～10月。

◆ **产地及分布**：产中国；国外多地有分布，如斯里兰卡、印度、缅甸、澳大利亚北部、东部。

◆ **生态习性**：喜光，喜温暖湿润气候，耐水湿。喜温暖湿润气候及肥沃的酸性土壤，抗旱。

◆ **园林用途**：作行道树及庭荫树、园景树栽植，孤植、列植、丛植、群植均可。

◆ **观赏特性**：树冠宽广圆满，枝叶茂盛，遮阴效果极佳，枝下的垂生气生根，可以形成良好的景观效果。

◆ **繁殖方法**：扦插繁殖。小叶榕扦插一般于春末夏初及秋季气温较高时进行。扦插时可以选择1～2年生木质化枝条，剪取5～15cm作为插条，上部保留3、4片叶片；为防止树液流出，可将切口浸于水中或沾上木炭粉；将插条1/3～1/2插入备好的插床中，保持插床湿润。在25～30℃温度及半阴条件下，一个月左右可以生根。

◆ **种植技术**：选择土壤肥沃，透水性良好的地块。移植时保持苗木根部有足够的土壤。幼苗移植后生长较快，须根据苗木生长速度，逐步增加施肥，在生长期，每10～15天淋施一次液肥，有时浇水时也可在水中加入一些尿素。如果需要后期对树体进行造型，造型时可以利用植物的"顶端优势"，在小苗时可把主干弯曲绑扎，促使基部最大的侧枝朝上生长，延伸为主干，等其长到一定高度后，又变换方向弯曲绑扎，又让一侧枝朝上生长，1～2年后就可以形成需要的造型。

聚果榕

Ficus racemosa L.

桑科（*Moraceae*）榕属（*Ficus*）

识别特征

常绿乔木，小枝褐色。叶薄革质，椭圆状倒卵形至椭圆形或长椭圆形，长 10～14cm，宽 3.5～4.5cm，先端渐尖或钝尖，基部楔形或钝形，全缘，表面深绿色，无毛，背面浅绿色，稍粗糙，幼时被柔毛，成长脱落，基生叶脉三出，侧脉 4～8 对；叶柄长 2～3cm；托叶卵状披针形，膜质，外面被微柔毛，长 1.5～2cm。榕果聚生于老茎瘤状短枝上，稀成对生于落叶枝叶腋，梨形，直径 2～2.5cm，成熟榕果橙红色。

◆**季相变化及物候**：花果期 5 ～ 8 月。

◆**产地及分布**：分布于印度、斯里兰卡、巴基斯坦、尼泊尔、越南、泰国、印度尼西亚、巴布亚新几内亚、澳大利亚有，我国广西南部（龙津）、云南南部（版纳、孟连、屏边、元阳、河口、西盟）、贵州（南盘江一带）。喜生于潮湿地带，常见于河畔、溪边，偶见生长在溪沟中。

◆**生态习性**：属阳性偏中性树种，喜湿润气候，耐水湿。对土壤要求较不严格，但以土层深厚肥沃、疏松、排水良好的酸性土生长最好。

◆**园林用途**：宜作庭荫树、园景树，适合孤植、丛植于公园、广场、庭院、寺庙、草坪等。

◆**观赏特性**：树冠宽广圆满，枝叶浓密，四季常青，果丰硕，成熟时橙红色，具有很好的观赏价值。

◆**繁殖方法**：扦插繁育。扦插一般选择在春季进行，插穗选择生长健壮、易成活的嫩枝，截成长 20cm 左右的一段，以细沙作为扦插基质，直接插入圃地，并保持圃地土壤湿润，约 1 个月左右即可发根。

◆**种植技术**：宜选择土层深厚肥沃、疏松、排水良好的地块。植前整地，清除杂草，挖定植穴。种植穴底放入火土灰，利于苗木生根，定植后应注意保持土壤湿润，定植的苗约 20 天左右可长出新叶，即可进行施肥，每 15 天施一次，以氮肥为主，另外，栽培期间，将定植塘内的草全部除掉，以免由于遮阳影响苗木生长。定植当年雨季结束后主要进行扩塘除草松土，注意及时修枝扶干整形。

菩提树（思维树）

Ficus religiosa L.

桑科（*Moraceae*）榕属（*Ficus*）

识别特征

常绿或短时落叶乔木，具气生根。小枝具环状托叶痕。叶长 9～17cm，宽 8～12cm，单叶互生，革质，三角状卵形，表面深绿色，光亮，背面绿色，顶端骤尖，延伸为尾状，基部宽截形至浅心形，全缘或为波状，基生叶脉三出；叶柄与叶片等长或长于叶片。隐花果腋出双生，扁球形，成熟时为黑紫色。

◆**季相变化及物候**：秋季落叶，隐花果，花果期 4～6 月。

◆**产地及分布**：从巴基斯坦至不丹均有野生；我国广东、广西、云南（北至景东，海拔 1200m 以下）有栽培。

◆**生态习性**：喜光树种，喜高温高湿，25℃时生长迅速，越冬时气温要求在 12℃左右，不耐霜冻；对土壤要求不严，但以肥沃、疏松的微酸性土壤为好。

◆**园林用途**：可用作行道树、庭荫树，适合孤植于公园、广场、寺庙等。

◆**观赏特性**：树形优美，高大挺拔，冬夏不凋，给人以神圣、肃穆之感。夏季阳光照耀下，坐在菩提树下清凉惬意，抬头可见菩提树摇曳的透明心形叶叶，遐想无限。

◆**繁殖方法**：种子繁殖或扦插。种子繁殖应选 10 年以上健壮母株，在果实变为红黑色时采种，除去肉渣皮屑取出种子，晾干即可播种。种子均匀撒于床面上，撒一层薄土覆盖种子，以不见种子为宜，盖稻草或用遮阳网搭荫棚遮阴，在沙床四周撒上灭蚁清。

扦插繁殖宜在春季或秋季选择 8～15 年生健壮的母株，选取有饱满腋芽的枝条，截取半木质化部分长约 15cm 的插穗进行扦插，插穗株行距以 5cm×10cm 为宜，深度以 3cm 为宜，扦插后搭上小弓棚，用白色塑料农膜盖上，两端保持通风透气，每天多次淋水保证小棚内湿度。扦插后用广普性杀菌剂喷洒插穗，防止插穗在高温高湿的条件下腐烂。10 天左右即可长根。

◆**种植技术**：小苗定植穴规格 40cm×40cm×40cm，每定植穴施 2～2.5kg 腐熟农家肥和 0.5kg 磷肥；大苗 60cm×60cm×50cm，每个定植穴施 4～5kg 腐熟农家肥和 0.8kg 磷肥，大小取决于土壤的松紧度。定植恢复生长后，前 3 年每年在雨季来临时分别追肥 2、3 次，每次追施复合肥 50～80g。3 年后仍需经常清除杂草，修枝整形。

橄榄

Canarium album（Lour.）Raeusch.

橄榄科（*Burseraceae*）橄榄属（*Canarium*）

识别特征

　　常绿乔木。羽状复叶，小叶 7～15 片，叶片纸质到革质，卵状长圆形，略偏斜，先端尾状渐尖，基部楔形到圆形，全缘，网脉两面突出。雄花为聚伞状圆锥花序；雌花为总状花序。花具疏绒毛，花瓣 3 片，白色。核果卵状长圆形，初时黄绿色，熟时黄白色，外果皮厚，干时有皱纹。

◆**季相变化及物候**：花期 5～6 月，果期 8～11 月。

◆**产地及分布**：产我国福建、台湾、广东、广西、云南；分布于越南北部至中部，日本（长崎、冲绳）及马来半岛有栽培。

◆**生态习性**：喜光树种，喜高温，抗寒能力较差，低温会抑制生长，对土壤要求不严，喜欢酸性土壤。

◆**园林用途**：适应性强，河滩、山丘、坡地都可种植，最适合庭院、体育场馆绿化；是园林结合生产的优良树种。

◆**观赏特性**：树形高大美观，树冠开展浑圆，枝繁叶茂，四季常绿，观赏效果极好。

◆**繁殖方法**：常用种子、嫁接繁殖。种子随采随播，播种前要催芽。嫁接通常采用大树高接换种的方法，选择清明节左右，晴天无风，较暖和的天气进行，成活率较高。

◆**种植技术**：种植地选背风向阳，地形开阔处，土层深厚，土质疏松。种植时根与土壤密切结合。主干入土6cm深即可。顶部用泥涂封，主干用稻草包扎，以防止失水，稻草离地面10cm，不能与土壤接触，种植后浇水。小苗定植：定植时间：从谷雨至立夏较宜。定植方法：穴内用火烧土、豆科绿肥作基肥，每穴撒0.5kg石灰，防白蚁侵害。种时用表层细土在穴内加水拌成泥浆，将苗植入浆中，使侧根自然伸展，然后盖上细土，压实，使根土充分接触。苗木种植成活后，待苗高1～1.5m时定干。一般在0.8m处左右剪断。在不同的方位上选留3～5条枝梢作主枝，主枝过长时在60cm处短截，每条主枝留3条侧枝，以后逐级处理，使其早日形成丰满树冠。肥水管理：幼龄树以氮肥为主，勤施薄施为原则，一般每两个月1次，或抽梢前后各施1次。结果期：在树冠外缘开深20cm的环沟，或半月形沟，肥料施入沟内，如为液肥，待其干后覆土，干肥施后即覆土。

荔枝（离枝）

Litchi chinensis Sonn.

无患子科（Sapindaceae）荔枝属（Litchi）

识别特征

常绿乔木。小枝褐红色，密生白色皮孔。复叶具小叶2或3对，较少4对，叶片薄革质或革质，披针形或卵状披针形，有时长椭圆状披针形，长6～15cm，宽2～4cm，顶端骤尖或尾状短渐尖，全缘，腹面深绿色，有光泽，背面粉绿色，两面无毛。花序顶生，阔大，多分枝；萼片被金黄色短绒毛。果卵圆形至近球形，长2～3.5cm，成熟时常暗红色至鲜红色，果皮密被瘤状突起。种子全部被肉质假种皮包裹。

◆**季相变化及物候**：花期3～4月，果期6～8月。

◆**产地及分布**：原产我国福建、广东、广西、云南等地，尤以广东和福建南部栽培最盛；亚洲东南部也有栽培，非洲、美洲和大洋洲都有引种的记录。

◆**生态习性**：荔枝属热带、南亚热带果树，喜光；喜暖热湿润气候，怕霜冻，冬季气温低易受冷害；喜富含腐殖质的土层深厚的酸性土壤。

◆**园林用途**：是优良的蜜源植物，可作庭荫树、园景树、行道树，宜孤植或散植、列植于庭院、单位、居住小区、道路等。

◆**观赏特性**：树冠广阔，枝繁叶茂、终年常绿，串串红果，颇具观赏性。

◆ **繁殖方法**：主要采用嫁接繁育和压条繁育。嫁接应选择在每年的 3～4 月份为佳，选择 3～5 年树龄且长势旺盛的结果母树作为采穗树源，采取树冠外围中上部生长充实、芽眼饱满、叶片全部老熟的 1～2 年生枝条作为接穗。采用枝接切接的方法，把切好的接穗长切面向内插入砧木切口，使砧、穗之间的形成层互相对准，用薄膜带绑扎、密封。

◆ **种植技术**：宜选择土层深厚肥沃，富含腐殖质的地块种植。整地时深翻熟化，加厚土层，增加有机质。在植穴外围开环状沟或 2 条平行施肥沟，每条沟施入农家肥 8～10kg，过磷酸钙 1kg，复合肥 0.5kg，然后盖土高出地面 25～30cm。定植后第一年，每株每次用复合肥 25g，尿素约 15g，氯化钾 10g，过磷酸钙 50g 混合施用；幼树根系少，吸肥能力弱，每年可喷施叶面肥 5、6 次。在土壤干旱，大气干燥的条件下，应注意淋水保湿。雨季防止植穴积水，下沉植株宜适当抬高植位，以利正常生长。幼苗一般每年松土除草 5、6 次，保持土壤疏松通气，利于根系生长发育。抗寒力低，需注意防寒护树，冬季来历前用绿肥、杂草等覆盖于根生长范围的表土面，以提高地温，保护根系。幼树整形修剪要求剪掉交叉枝、过密枝、弱小枝，不让其结果的花穗，使养分有效地用于扩大树冠。

绒毛番龙眼

Pometia tomentosa （Bl.） Teysm. et Binn.

无患子科（*Sapindaceae*）番龙眼属（*Pometia*）

识别特征

　　常绿大乔木，高30～45m，具大板根树皮鲜红褐色；小枝、花序、子房、叶轴和小叶均被黄色绒毛。羽状复叶，长30～100cm；小叶4～13对，纸质，长圆形或长圆状披针形，长15～21cm，宽4～8.5cm，先端渐尖或急尖，边缘具锯齿，小叶柄很短，最下部1对呈托叶状，半月形或钻形。圆锥花序顶生或腋生，长25～40cm；花黄色；花萼浅杯状，5深裂，花瓣5，倒卵形或卵圆形，长约1mm；雄蕊5，花丝线形，基部被柔毛；子房圆形；果核果状，椭圆形，不开裂，光滑，成熟时紫红色，外被胶质黄色假种皮。

◆**季相变化及物候**：花期3～4月，果期7～9月。

◆**产地及分布**：产我国云南南部，分布于斯里兰卡、中南半岛、印度尼西亚的苏门答腊和爪哇等地。

◆**生态习性**：为热带林上层主要树种之一。喜生于阴蔽地形，热量条件较高，干湿季分明，空气湿度大，最低温不低于5℃；土壤为黄壤和砖红壤，pH 6.1～5.5，且深厚潮湿的环境。

◆**园林用途**：树冠高大，四季常绿，可作庭荫树、园景树、防护林树种；宜孤植或散植于公园、广场、居住小区、单位旁。

◆**观赏特性**：树形高大，姿态优美，终年常绿。

◆**繁殖方法**：以种子繁殖为主。种子寿命短，采收成熟果实，除去果皮及假种皮，阴干后即可直播于营养袋内，或采用砂床催芽后移植营养袋内。

◆**种植技术**：宜选择土层深厚、肥沃，排水良好，地形荫蔽的环境种植。种植前先整地，清除杂草，深翻细作；合理密植，幼苗一般在8个月后即可出圃培育大苗。小苗移栽要多带宿土，注意根部保湿，尽量随挖随栽。种植穴施加适量基肥，定植后浇足定根水；幼苗注意遮阴防晒，春季干旱时节宜多浇水。每年进行松土除草1、2次，在除草时可适量追肥；冬季注意防寒防寒。早春时节根据培育目的进行整形修枝。

杧果

Mangifera indica L.

漆树科（*Anacardiaceae*）杧果属（*Mangifera*）

⎡ **识别特征** ⎤

　　常绿大乔木。叶薄革质，常集生枝顶，叶形和大小变化较大，通常为长圆形或长圆状披针形，先端渐尖、长渐尖或急尖，基部楔形或近圆形，边缘皱波状，无毛，叶面略具光泽；苞片披针形，被微柔毛；花小，杂性，黄色或淡黄色。核果大，肾形（栽培品种其形状和大小变化极大），压扁，成熟时黄色，中果皮肉质，肥厚，鲜黄色，味甜，果核坚硬。

◆ **季相变化及物候**：12月～次年2月，果期5～8月。

◆ **产地及分布**：产我国云南、广西、广东、福建、台湾；印度、孟加拉、中南半岛和马来西亚有分布。

◆ **生态习性**：性喜温暖，不耐寒霜，喜光。对土壤要求不严，以土层深厚、地下水位低、有机质丰富、排水良好、质地疏松的壤土和沙质壤土为理想，在微酸性至中性，pH 5.5～7.5的土壤生长良好。

◆ **园林用途**：可以种植庭园、公园做景观树，也可以做行道树。

◆ **观赏特性**：枝干直立，树冠伞形常绿，果实形状特别，成熟时满树黄灿灿，惹人喜爱。

◆ **繁殖方法**：常用嫁接繁殖。三月正值春天来临，气候温和温度回升，也是其萌芽生长的开始，植株在嫁接后愈合力强，嫁接成活率高，嫁接用1～2年生茎粗1cm直径的杧果实生苗做砧木为最佳，发育快速，成活率高。

◆ **种植技术**：选择在土层深厚、肥沃，空气湿度大，光照充足的地方，定植前2～3个月整地挖穴，规格为宽80cm，深70cm，每穴施过磷酸钙0.5～1kg，腐熟的猪、牛粪或土杂肥20～30kg，肥料与表土混和回穴，开始定植时植株密度适宜为4m×3m，收获3～5年后可在加密行隔株疏伐成6m×4m。植后淋透定根水并加复盖。幼树施肥以氮、磷肥为主，适当配合

钾肥，过磷酸钙、骨粉等磷肥主要作基肥施用。植后抽出 1、2 次梢时开始追肥，以氮肥为主 3、5、7、9 月各施一次追肥，每次每株施尿素 10～20g，9 月施复合肥。幼树的整形修剪植后苗高 80～100cm 开始整形。

清香木（香叶树、紫叶、紫柚木、清香树）

Pistacia weinmannifolia J. Poisson ex Franch.

漆树科（*Anacardiaceae*）黄连木属（*Pistacia*）

识别特征

　　常绿乔木，幼枝被灰黄色微柔毛。叶长 1.3～3.5cm，偶数羽状复叶互生，革质，长圆形或倒卵状长圆形，顶端微缺，具芒刺状硬尖头。花序腋生，与叶同出，被黄棕色柔毛和红色腺毛；花小，紫红色。核果球形，长约 5mm，径约 6mm，成熟时紫红色，先端细尖。

◆**季相变化及物候**：春天嫩叶红色，秋天老叶红色；花期 2～3 月，果期 7～8 月。

◆**产地及分布**：产我国西藏（东南部）、四川（西南部）、贵州（西南部）、广西（西南部）、云南全省；缅甸掸邦也有分布。

◆**生态习性**：阳性树种，喜光，但稍耐阴，喜温暖，幼苗抗寒力不强，要求土壤深厚，喜光照充足，不易积水的土壤。

◆**园林用途**：可用作行道树、庭院树、风景林树，可群植、散植于公园、溪边，也可孤植于草坪上。

◆**观赏特性**：树形美观，春天新枝生长时，叶红色，且有淡淡的清香，秋天硕果累累，红色的果实配上翠绿浓密的叶子，景观惹人喜爱。

◆**繁殖方法**：种子繁殖。清香木种子成熟后易散落，采种育苗时，应注意观察果实变化情况。7 月以后种子逐渐成熟，当种皮由红变褐时，及时从树上将种子采回处理。清香木种子包在多汁的果肉中，易受污染发霉，采回后必须立即调制。方法是将采来的清香木果实摊放在室内干燥处堆沤，厚度以 20cm 为宜。5～7 天后，果皮变软，

即可把堆沤的果实放入袋中搓揉捣烂果皮，放入水中淘洗，脱粒弃杂后阴干，置通风干燥处贮藏。

◆**种植技术**：选择在光照条件好，土层深厚、肥沃、排水性好的土地种植。种植前先整理地块，整地要在苗木种植前的一个季度进行，将砖石瓦块及杂草、枯枝清除。整地完成后挖定植穴，株行距以 3m×3m 或 3m×4m 为宜，定植穴大小以 50cm×50cm×40cm 为宜。定植先将清香木移入定植坑内扶正，支架固定，再覆土压实，做一定植坑直径大小的树盘，浇足定根水。定植后每隔 7～8 天，视土壤条件浇水保湿，并注意修剪，去除交叉枝、重叠枝、病虫枝和徒长枝。清香木对肥料较敏感，幼苗施肥要少量多次，避免肥力过足，导致苗木烧苗或徒长。

桂花

Osmanthus fragrans （Thunb.） Lour

木犀科（*Oleaceae*）木犀属（*Osmanthus*）

识别特征

常绿乔木或灌木。叶片革质，椭圆形、长椭圆形或椭圆状披针形，长 7 ～ 14.5cm，宽 2.6 ～ 4.5cm，先端渐尖，基部渐狭呈楔形或宽楔形，侧脉 6 ～ 8 对。聚伞花序簇生于叶腋，或近于帚状，每腋内有花多朵，花极芳香；花冠黄白色、淡黄色、黄色或橘红色，长 3 ～ 4mm，花冠管仅长 0.5 ～ 1mm；雄蕊着生于花冠管中部。果歪斜，椭圆形，长 1 ～ 1.5cm。

◆ **季相变化及物候**：花期 9 ～ 10 月，四季桂可四节开花，果期次年 3 ～ 4 月。

◆ **产地及分布**：原产我国西南部，现广泛栽培于云南及我国各地。

◆ **生态习性**：喜光，也能耐荫，喜温暖湿润气候，对土壤要求不严，但在土层深厚、肥沃疏松、排水良好的微酸性土壤中生长更好。

◆ **园林用途**：可用作庭院树、园景树、行道树和风景林树，常孤植、散植、群植于假山旁、草坪上和院落中。

◆ **观赏特性**：树干端直，树冠圆整，四季常青，花开时节香飘数里，是良好的观花树种。

◆ **繁殖方法**：嫁接繁殖为主，也可压条、扦插或种子繁殖。压条选取 2 年生枝条，选茎光滑处环割长 1 ～ 1.5cm，用素红土加水捏成鸡蛋大小土球，包于环割处，用塑料膜扎紧，待 30 天左右见袋内有白色根时及时剪下栽培；嫁接可用女贞做砧木，春季发芽前，自地面以上 5cm 处剪断砧木；剪取长 10 ～ 12cm 的枝条，基部一侧削成长 2 ～ 3cm 的削面，对侧削成一个 45° 的小斜面；在砧木一侧 1/3 处纵切一刀；将接穗插入切口内，形成层对齐，用塑料袋绑紧，然后埋土培养。

◆ **种植技术**：宜选光照充足，土层深厚、肥沃疏松的微酸性土壤种植。种植前先整地，挖定植穴。株行距以 2m×2m 为宜，定植穴规格以 60cm×60cm×40cm 为宜。挖好定植穴后施基肥回土，每个定植穴施 25kg 腐熟肥。每个定植穴施 1 ～ 1.5kg 农家肥和 0.5kg 磷肥作基肥，与表土拌匀后回填。定植后浇足定根水，并做好抚育管理。除施足基肥外，每年要施 3 次肥，并结合除草松土，修剪枝叶。

糖胶树（灯台树）

Alstonia scholaris（L.）R. Br.

夹竹桃科（*Apocynaceae*）鸡骨常山属（*Alstonia*）

─ 识别特征 ─

常绿乔木。枝轮生，具乳汁。叶轮生，倒卵状长圆形、倒披针形或匙形，稀椭圆形或长圆形，基部楔形。花白色，多朵组成稠密的聚伞花序，顶生，被柔毛；花冠高脚碟状，内面被柔毛，裂片在花蕾时或裂片基部向左覆盖，长圆形或卵状长圆形。蓇葖果细长，线形，外果皮近革质，灰白色。

◆**季相变化及物候**：花期 6～11 月，果期 10 月～翌年 4 月。

◆**产地及分布**：我国广西南部、西部和云南南部野生；尼泊尔、印度、斯里兰卡、缅甸、泰国、越南、柬埔寨、马来西亚、印度尼西亚、菲律宾和澳大利亚热带地区也有分布。

◆**生态习性**：喜光，喜肥沃湿润土壤，抗风，抗大气污染，在水边生长良好。

◆**园林用途**：可列植用作行道树，也可种植于庭院、公园绿地做庭荫树，是优秀的绿化树种。

◆**观赏特性**：树体高大，树姿优美，侧枝平展向外，层叠有序，四季常绿，深受大众喜爱。

◆**繁殖方法**：常用种子繁殖。糖胶树的种子细小，采用撒播的方式，用新鲜种子随采随播，播种时先将苗床浇透水，用细沙拌种，均匀地撒播在苗床上，不覆盖，遮阴，保持湿润，7 天开始出苗，15 天左右苗全部出齐。

◆**种植技术**：全垦整地，3 月份对地块进行全面翻垦，按株行距挖出 40cm×40cm×40cm 的定植穴；每个定植穴施 5kg 的过磷酸钙（过磷酸钙与穴中土壤搅拌均匀），选择生长健壮的苗木，苗木截杆要保留苗高 2.0m 以上，枝条长势均匀，无病虫害。定植后，立即浇水，之后，晴天每天早晚均要浇水 1 次，浇水时要浇到穴中湿透。阴天少浇些水，使穴中适当湿润即可。苗木栽植 3 个月后成活。为加快树木的生长，需施肥，每穴可施 0.1kg 复合肥和 0.1kg 尿素。在穴边距树木 25cm 处，挖一个小穴施肥。施肥后，肥料要用土盖上，预防肥料蒸发。一般一年春、秋施肥 2 次，每年每次的施肥量可逐渐增加，能促使树木迅速生长。平均树高达到 7m 高以上，树冠平均宽 6.7m 以上，此时即可修剪，一般修剪整形时间在每年 11 月份进行，调节树势，树冠结构，形成特色优美的树姿，尽量使树枝伸展，树冠均匀美观。

假槟榔（亚力山大椰子）

Archontophoenix alexandrae （F. Muell.） H. Wendl. et Drude

棕榈科（*Palmae*）假槟榔属（*Archontophoenix*）

识别特征

　　常绿乔木，具阶梯状环纹，干基略膨大。叶羽状全裂，生于茎顶，长 2～3m，羽片呈 2 列排列，线状披针形，长达 45cm，宽1.2～2.5cm，先端渐尖，叶背面被灰白色鳞秕状物；叶鞘形成明显的冠茎。花序生于叶鞘下，呈圆锥花序式，下垂，长 30～40cm，多分枝。果实卵球形，红色，长 12～14mm。

◆ **季相变化及物候**：花期 4 月，果期 8 ～ 12 月。

◆ **产地及分布**：原产澳大利亚东部；我国福建、台湾、广东、海南、广西、云南等地有栽培。

◆ **生态习性**：喜光，喜高温多湿气候，避风向阳的环境，不耐寒；耐水湿，也较耐干旱；喜富含腐殖质、土层深厚肥沃、排水良好的微酸性的砂质土壤。

◆ **园林用途**：是著名的热带风光树，可作行道树、庭院树、园景树、风景林树；宜列植于道路旁或建筑物前，孤植、散植于小区、单位、公园、景区等处，也可作观赏盆栽和作切花配叶。

◆ **观赏特性**：树形优美，树体高大通直，苗条秀丽，叶片披垂碧绿，随风招展，果实红色，极具观赏价值。

◆ **繁殖方法**：以种子繁育为主。种子采收后去杂洗净。宜随采随播或混湿沙贮藏催芽于翌年春暖后播种。播种前将种子在 35℃温水中浸泡 2 天后播种，播后保持 20 ～ 25℃，10 ～ 15 天发芽出土。

◆ **种植技术**：宜选择排水良好，土壤质地疏松、肥沃，不积水和西北风影响小的地段种植。栽植时要选好时间，避免起苗到栽后半月内遭干旱风侵袭和强光照射。露地移栽前半年，可沿树基周围环状挖沟，环径为干粗的 6 ～ 8 倍，沟深为环径的 0.8 倍左右，沟挖好后即填砂或碎黄泥土，可使沟内的根系长出更多侧根。起苗时土球要用蒲包、草绳包扎，随掘随运随到随栽植。栽植时，将植株放入穴内时边填松土边捣实，不使植株倾斜。植后立即浇足水，并做好护株固植工作。晴天移植应灌透水，幼苗期应避免夏季阳光直射，需经常喷水来提高空气湿度，才能保持叶面翠绿，叶形完好。幼苗生长缓慢，3 年后生长迅速。

董棕（酒假桃榔、果榜）

Caryota urens L.

棕榈科（*Palmae*）鱼尾葵属（*Caryota*）

识别特征

　　常绿乔木，成花瓶状，具明显的环状叶痕。二回羽状复叶，叶长 5～7m，宽 3～5m，弓状下弯；羽片宽楔形或狭的斜楔形，长 15～29cm，宽 5～20cm，边缘具不等大的齿状缺刻，顶端 1 羽片为宽楔形；叶柄长 1.3～2m；叶鞘边缘具网状的棕黑色纤维。佛焰苞长 30～45cm；花序长 1.5～2.5m，具多数、密集的穗状分枝花序，花序梗圆柱形，粗壮，直径 5～75cm，密被覆瓦状排列的苞片。果实球形至扁球形，直径 1.5～2.4cm，成熟时红色。

◆**季相变化及物候：**花期 6～10 月，果期翌年 5～9 月。

◆**产地及分布：**我国产广西、云南（个旧、贡山、西畴、麻栗坡）等地区；印度、斯里兰卡、缅甸至中南半岛也有分布。

◆**生态习性：**喜阳光充足、高温、湿润的环境，稍耐荫；较耐寒，生长适温 20～28℃；土壤要求疏松肥沃、排水良好的环境；对多种有害气体具较强的抗性，约 20 年开 1 次花，开花结实后全株死亡，寿命约为 40～60 年。

◆**园林用途**：可作行道树、庭院树、园景树；孤植或散植于庭院、公园绿地、单位小区或是花坛中，列植于道路两侧或建筑周围，群植成风景林，也适于空气污染区大面积种植。

◆**观赏特性**：树势高大挺拔，膨大的茎干似一巨大的花瓶，叶色葱茏，叶片如孔雀开屏时的尾羽，造型优美，还有气度非凡、胸怀坦荡的寓意。

◆**繁殖方法**：以种子繁育为主。采收成熟果实，去杂洗净。播种前用40℃左右的热水把种子浸泡12～24h，直到种子吸水并膨胀起来。播后保持基质湿润，发芽后移至苗床上，适当遮阴。

◆**种植技术**：最好用培育2～3年生大苗，在雨季初期时定植容易成活。移栽时，先挖好种植穴，在种植穴底部撒上一层有机肥料作为底肥，厚度约为4～6cm，再覆上一层土。放入苗木时，把肥料与根系分开，避免烧根。放入苗木后，回填土壤，把根系覆盖住，并用脚把土壤踩实，浇透水。春夏两季根据干旱情况，施用2～4次肥水；先在根颈部以外30～100cm开一圈小沟，沟宽、深都为20cm，沟内撒进2.5～4kg有机肥，或者0.05～0.1kg颗粒复合肥，然后浇上透水。入冬以后开春以前，按上述方法再施肥一次。在冬季修剪瘦弱、病虫、枯死、过密等枝条。

椰子（可可椰子、椰树）

Cocos nucifera L.

棕榈科（*Palmae*）椰子属（*Cocos*）

识别特征

常绿乔木。植株高大，有环状叶痕，常有簇生小根。叶羽状全裂，长3～4m，簇生干顶；裂片多数，外向折叠，革质，线状披针形，长65～100cm，宽3～4cm；叶柄粗壮，长达1m以上。肉穗圆锥花序腋生，长1.5～2m，多分枝。佛焰苞纺锤形。坚果卵球状或近球形，长约15～25cm，顶端微具三棱，初为绿色，渐变成黄色，成熟时褐色；外果皮基部有3孔，内有1大腔，含有丰富的浆汁。

◆**季相变化及物候**：几乎全年开花，花后10～12个月果实成熟，以7～9月为果熟最盛期。

◆**产地及分布**：原产地不详，广布于热带海岸；我国主要产于广东南部诸岛及雷州半岛、海南、台湾及云南南部（西双版纳、普洱、河口）热带地区；东南亚国家有栽培。

◆**生态习性**：为热带喜光植物，喜生于高温、湿润、阳光充足和海风吹拂处，不耐寒，要求年均温度在24～25℃以上，温差小，全年无霜，最低温度不低于10℃，椰子才能正常开花结果，最适生长温度为26～27℃；不耐干旱，排水不良的黏土和沼泽土不适宜种植；抗风力强。

◆**园林用途**：是热带著名的风景树，可作行道树、庭院树、园景树、防护林树；宜列植于道路旁、建筑物周围、水滨等处，孤植、丛植或群植于开阔的绿地、单位、小区、景区中。

◆**观赏特性**：树形优美，苍翠挺拔，树冠高张如伞，叶片开展下垂，极富热带风情。

◆**繁殖方法**：以种子繁育为主。采用预备苗圃催芽法，选择半荫蔽、通风、排水良好的环境，清除杂草树根，耕深，开沟宽度比果稍宽，将种果一个接一个的斜靠沟底45°角，埋土至果实的1/2～2/3。当芽长10～15cm时，移芽到有适度荫蔽的苗圃中，注意浇水、排水、除草和施肥。

◆**种植技术**：植后初期适当遮阴，灌水保湿，1年中耕两次：11～12月结合施肥耕作1次，8～9月再中耕1次。随着植株长大，树干茎部长出大量的气根，进行培土加固树体。注意平衡施肥，以氮、磷、钾配方肥为宜。椰树缺钾时，上部叶片向下簇伸，低部叶片干枯，下垂悬挂于树干；缺氮时，幼叶失绿，少光泽，老叶出现不同程度的老化；缺磷时会引起根系发展不良和过腐；因此，施肥时要以有机肥为主，化肥为辅并施一些食盐。每年可在4～5月及11～12月施肥，在距离树基部1.5～2m处开施肥沟。

贝叶棕（行李叶椰子）

Corypha umbraculifera L.

棕榈科（*Palmae*）贝叶棕属（*Corypha*）

识别特征

常绿乔木。植株高大粗壮，高达 18～25m，直径50～60cm，最大可达 90cm，具较密的环状叶痕。叶掌状，大型，呈扇状深裂，叶片长1.5～2m，宽约 2.5～3.5m，裂片80～100，裂至中部，剑形，先端浅2裂，长60～100cm，裂片宽7～9cm；叶柄长2.5～3m。花序顶生、大型、直立，圆锥形，高4～5m或更高，序轴上由多数佛焰苞所包被，约有 30～35个分枝花序。花小，两性，乳白色，有臭味。果实球形，直径3.2～3.5cm。

◆ **季相变化及物候**：花期2～4月，果期翌年5～6月。

◆ **产地及分布**：原产印度、斯里兰卡等亚洲热带国家；我国华南、东南及西南省区有引种，在云南南部，如西双版纳、普洱、德宏、临沧等地区零星栽植于缅寺（佛寺）旁。

◆ **生态习性**：喜阳光充足，温暖湿润的环境；生长缓慢；只开花结果一次后即死去，其生命周期约有35～60年。

◆**园林用途**：是热带、南亚热带地区城市绿化的优良树种，可作行道树、园景树、庭院树；宜列植于路旁，孤植、散植或丛植于公园、小区游园，也多栽培于寺庙前，为小乘佛教礼仪树种。

◆**观赏特性**：树体高大雄伟，树干笔直浑圆，树冠如一把巨伞，叶片坚挺下垂，如手掌一样散开，给人一种庄重又充满动感和活力的感受。

◆**繁殖方法**：以种子繁育为主。将种子去杂洗净后置于 32～35℃温棚内进行催芽，催芽基质为粗砂，但埋沙不宜过后，每天保持砂床湿润，30 天左右发芽。

◆**种植技术**：从种子催芽到胚根长至 4～8cm 时即可移植到有混合营养土（生土＋家畜粪）的营养袋中，否则胚根过长不利于移植成活。由于贝叶棕根系长，须根少，苗期不易生长须根，故营养袋子高宜 40cm 以上，定植穴坑深不能少于 40cm。也可采取沙床催芽，胚根伸出 8cm 后直接播于大田，子叶露于地面并在坑底放置瓦片，抑制根向下生长而萌发侧根。定植时不要伤根，定期后必须遮阴，除去杂草，保持土质疏松、湿润。幼苗期间需精心护理，干季勤浇水，幼苗用遮阴网或棕榈科植物叶片遮盖。冬季注意防寒，用稻草覆盖基部。

美丽蒲葵

Livistona speciosa Kurz

棕榈科（*Palmae*）蒲葵属（*Livistona*）

乔木状。叶大型，叶片外观为 3/4 圆形或近圆形，叶面深绿色，背面稍苍白，有一不分裂的中心部分，周围分裂成多数向先端渐狭的裂片，每裂片先端具短 2 裂，小裂片长 3～5cm，先端不下垂，叶柄两侧具下弯的刺。花序腋生；每分枝花序从各自的佛焰苞口伸出；小花枝长 10～15cm，花 5、6 朵（花枝下部）或 2、3 朵（上部）聚生，黄绿色。果实倒卵球形，顶部圆形，基部变狭，外果皮薄，浅蓝色。

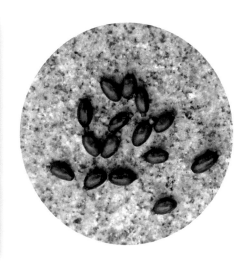

◆ **季相变化及物候**：花果期 10 月。

◆ **产地及分布**：原产缅甸，我国云南南部亦产。

◆ **生态习性**：属阳性树种，稍耐荫；喜高温高湿，不耐寒；对土壤要求较不严格，一般肥力中等土壤均能生长繁茂，但以土层深厚肥沃、疏松、排水良好的土壤生长最好。

◆ **园林用途**：适合孤植、列植、群植于公园绿地、道路广场中作园景树，对有害气体有一定的抗性，也可用于单位、工厂绿地的绿化。

◆ **观赏特性**：终年常绿，株型优美，树冠如伞，叶形奇特。

◆**繁殖方法**：参照大叶蒲葵。种子繁育。一般于秋季、冬季进行播种，播种前用经清洗的种子，先用沙藏层积催芽。挑出幼芽刚突破种皮的种子点播于苗床，播后早则一个月可发芽，晚则 60 天发芽。苗期充分浇水，避免阳光直射，苗长至 5～7 片大叶时便可出圃定植和盆栽。

◆**种植技术**：参照大叶蒲葵。宜选择土地肥沃湿润、富含有机质的中性粘壤土种植。播种苗3 年左右，可出长叶 6、7 片，才移植到葵田去。每年在春节前、端午、中秋分季节施肥，以氮肥为主。5 月上旬至 9 月中旬每月施 2 次液肥。蒲葵适应性，能耐一定程度的水涝、干旱和 0℃左右的低温。夏季幼苗要注意遮阴，避免阳光直射；应经常向植株上喷水增加空气湿度。雨季应注意排水防涝。对病虫害抵抗能力强。

第三部分

落叶大乔木

水杉

Metasequoia glyptostroboides Hu et Cheng

杉科（*Taxodiaceae*）水杉属（*Metasequoia*）

识别特征

　　落叶乔木。大枝近轮生，小枝对生。具长枝及脱落性短枝。叶条形，交互对生，基部扭曲在小枝上排成二列，呈羽状，冬季与无芽小枝一同脱落。雌雄同株。球果下垂，近球形，熟时深褐色，长 1.8～2.5cm，径 1.6～2.5cm；种鳞木质，盾形，交叉对生，每鳞有 5～9 粒种子。

◆ **季相变化及物候**：11 月上中旬叶色变黄，12 月中旬落叶落枝。花期 3～4 月，球果 10～11 月成熟。

◆ **产地及分布**：水杉这一古老稀有的珍贵树种为我国特产，仅自然分布于我国湖北省利川县磨刀溪水杉坝一带。国外约 50 个国家和地区引种栽培，北达北纬 60 度的列宁格勒及阿拉斯加等地。国内也普遍引种栽培，从东北辽东半岛，西北兰州及延安，东到山东、上海、浙江，南达广东，西至四川、云南等地。

◆ **生态习性**：水杉为阳性树，喜温暖湿润气候；较耐寒，可在 -25℃低温下安全越冬，但不耐干旱及寒冷双重侵袭；喜土层深厚、肥沃的酸性土，尤喜湿润而排水良好，不耐涝，对土壤干旱较敏感；干旱、积水则不长。

◆ **园林用途**：秋色叶树种。可作行道树、园景树、风景林树；适于列植、丛植、群植、片植，可用于堤岸、湖滨、池畔、庭院等绿化，适配常绿地被植物。水杉对二氧化硫有一定的抵抗能力，是工矿区绿化的优良树种。

◆ **观赏特性**：水杉树冠呈圆锥形，树形高大雄伟，姿态优美；叶色秀丽，秋叶棕红色，色彩鲜明，其景甚美。

◆ **繁殖方法**：主要以播种和扦插繁殖为主。播种繁殖，球果成熟后即采种，经过曝晒，筛出种子，干藏。春季 3 月份播种，采用条播（行距 20～25cm）

或撒播，播后覆草不宜过厚，需经常保持土壤湿润。扦插：春季从 1～3 年的实生苗上采取健壮枝条作插穗，插前用萘乙酸溶液快浸插穗基部，促进其生根效果。

◆**种植技术**：宜选地下水位较高处。水杉栽植季节从晚秋到初春均可，冬末为佳，切忌在土壤冻结的严寒时节和生长季节栽植。苗木应随起随栽，避免过度失水。如经长途运输，到达目的地后，应将苗根浸入水中浸泡。大苗移栽必须带土球，挖大穴，施足基肥，栽后浇透水。旺盛生长期一般追肥 1 次，注意松土、锄草，增强透气性，每年雨季半月锄草松土 2 次。

鹅掌楸（马褂木）

Liriodendron chinense（Hemsl.）Sargent

木兰科（*Magnoliaceae*）**鹅掌楸属**（*Liriodendron*）

识别特征

落叶乔木。叶马褂状，近基部每边具 1 侧裂片，先端具 2 浅裂，下面苍白色。花杯状，花被片 9，外轮 3 片绿色。聚合果，具翅的小坚果顶端钝或钝尖。

◆ **季相变化及物候**：花期 4 ～ 5 月，果期 9 ～ 10 月。

◆ **产地及分布**：原产印度、缅甸；我国云南、广东、广西、福建、台湾等地普遍引种。

◆ **生态习性**：喜光，适合生长在温凉、多雨、湿润气候，有一定耐寒性，生长迅速。

◆ **园林用途**：可做行道树、庭荫树、园景树，孤植或丛植于草坪或与常绿针、阔叶树混交形成风景林。也可以种植于大气污染较严重的地区或工矿企业厂区。

◆ **观赏特性**：树干挺直，树冠伞形，花朵淡黄色，美而不艳，叶形独特，似马褂，秋叶变黄，景观效果好。

◆ **繁殖方法**：种子繁殖。果实通常 10 月份成熟，果实变为褐色时采收。将果枝剪下在室内阴干后放在日光下摊晒，待具翅的小坚果自行分离脱落后，晒干、去杂、保存。种子既干贮或砂藏。干贮时用布袋挂藏在通风干燥处或柜子贮。选择避风向阳、土层深厚、肥沃湿润、排水良好的偏酸性壤土作苗床，施足基肥，播前催芽：将种子用 30℃温水浸泡一天，然后捞出并用湿棉布蒙盖，保持 20℃的温度，每两天用温水淋种一次，种子开始露自时播种，种子撒匀，再用筛子筛炉灰土覆盖，土粒直径以不超过 0.5cm 为好，覆土层不超过 1cm，盖草，用喷壶浇透水。出苗后适当间苗，保持 20cm×10cm 的行株距。

◆ **种植技术**：宜选土层深厚肥沃、湿润、排水良好、温暖避风的地块种植，种植前整地，清理杂草，挖种植穴，穴径 50 ～ 60cm，深 40 ～ 50cm，每穴施入 50g 腐熟的饼肥或复合肥。定植一般在 3 月上旬进行，常选用 2 两年生以上苗木，起苗时注意根部保湿，栽植后浇足定根水。秋末整枝，一年可修剪整枝两次，待 2 ～ 3 年后只要开始培养幼树树形，使干形通直、光滑，修剪时要让切口平整；后期养护中追肥少量多次，先稀后浓，立秋后追施磷钾肥，从而促进苗木木质化。马褂木不耐水湿，浇水时水量要控制好，雨季注意排涝。

大叶榄仁

Terminalia catappa L.

使君子科（*Combretaceae*）诃子属（*Terminalia*）

识别特征

落叶大乔木。叶大，互生，常密集于枝顶，叶片倒卵形，长 12～22cm，宽 8～15cm，先端钝圆或短尖，中部以下渐狭，基部截形或狭心形，全缘，侧脉 10～12 对；叶柄短而粗壮，长 10～15mm，被毛。穗状花序长而纤细，腋生，长 15～20cm。果椭圆形，常稍压扁，具 2 棱，棱上具翅状的狭边，两端稍渐尖，果皮木质，坚硬，无毛、成熟时青黑色。

◆ **季相变化及物候**：花期 3～6 月，果期 7～9 月。

◆ **产地及分布**：原产我国广东（徐闻至海南岛）、台湾、云南（东南部）。马来西亚、越南以及印度、大洋洲均有分布。

◆ **生态习性**：属阳性树种，喜高温多湿润，生长较慢，耐贫瘠；对土壤要求不严，一般肥力的土壤均能生长茂盛，但以土层深厚肥沃、疏松、排水良好的土壤生长最好。

◆ **园林用途**：由于季相变化明显，常丛植、片植于公园中形成大型的植物景观，也可作行道树或风景林树。

◆ **观赏特性**：季相变化明显，春季新芽嫩绿，秋季、冬季变为黄色或红色，甚为美丽。

◆ **繁殖方法**：种子繁育。7～9 月间，果实成熟即可采种。播种前用 60℃的温水浸种，水凉后换清水浸种 1～2 天，然后播种于苗圃，覆土约 2cm 左右即可。

◆**种植技术**：同千果榄仁。宜选择土层深厚，腐殖质含量高，空气湿度较大的地块种植。种植前整地，清除杂草。挖定植穴规格以 50cm×50cm×30cm 为宜，表土回穴。每个定植穴穴施菜枯饼 0.2kg 或复合肥 0.2kg 作基肥，将肥料与穴内土壤充分拌匀，待菜枯饼腐熟后再种植。雨水节气前后幼树萌动前，选择阴天或小雨天定植，苗木定植前适当修枝，摘除叶子，剪去过长或受到损伤的根系。栽植后 3～5 年内，加强养护管理，每年松土除草 2 次，第 1 次在 4～5 月，第 2 次在 8～9 月。定植当年松土除草宜在下半年进行。

木棉

Bombax malabaricum DC.

木棉科（*Bombacaceae*）木棉属（*Bombax*）

- 识别特征 -

　　落叶大乔木，树干通常有圆锥状的粗刺。掌状复叶，长圆形至长圆状披针形，顶端渐尖，基部阔或渐狭，全缘，两面均无毛。花单生枝顶叶腋，通常红色，有时橙红色。蒴果长圆形，钝，密被灰白色长柔毛和星状柔毛。

130

◆**季相变化及物候**：花期2～4月，果7～9月成熟。

◆**产地及分布**：产我国云南、四川、贵州、广西、江西、广东、福建、台湾等省区亚热带；越南、印度、缅甸、爪哇亦有分布。

◆**生态习性**：喜温暖干燥和阳光充足环境。不耐寒，稍耐湿，忌积水。耐旱，抗污染、抗风力强，深根性，速生，萌芽力强。生长适温20～30℃，冬季温度不低于5℃，以深厚、肥沃、排水良好的中性或微酸性砂质土壤为宜。

◆**园林用途**：可做行道树，也可植于庭园、公园或是营造风景林。

◆**观赏特性**：树形高大，枝轮生，先叶开花，花大色艳，花期时开出灿烂的花朵，远远望去，一树的橙红，显得格外生机勃勃，是很好的园林观花树种。

◆**繁殖方法**：常用嫁接繁殖。木棉嫁接时采用单芽切接较好，在接穗上选定一饱满芽，并在反面下端0.15 cm处起刀削微带或不带木质部的长度为1.5～2cm的平面，在反面削45°的斜断面，在芽上端1cm处截断，接穗长度4cm。对砧木苗要求在离地高15cm处剪砧，在砧木平滑面纵切一刀，长度1.15～2cm，微带木质部为宜，把削好的接穗插入嫁接口，使两边形成层对

齐密接，接穗上端露白。最后用塑料薄膜带由下而上捆扎密实，接穗芽眼处只包扎一层嫁接膜，易于嫁接成活后自动破膜。

◆ **种植技术**：春秋两季均适宜栽植，选择阳光充足，排水良好，土层深厚的地段整地。种植时宜疏不宜密，一般孤植或列植株距 8cm×10cm，或者更疏。定植宜挖大穴，放足基肥，带土球定植，浇足定根水，栽植前不要修剪，只要摘掉 2/3～3/4 的叶片即可。前三年每年施肥 2、3 次，促进生长。花后适当修剪，保持树形，注意防止木棉织蛾的危害。

海红豆

Adenanthera microsperma L.

含羞草科（*Mimosaceae*）海红豆属（*Adenanthera*）

识别特征

　　落叶乔木。叶长 2.5～3.5cm，二回奇数羽状复叶互生，叶柄和叶轴被微柔毛；羽片 3～5 对。总状花序单生于叶腋或在枝顶排成圆锥花序，被短柔毛；花小，白色或黄色，有香味，具短梗；花萼与花梗同被金黄色柔毛；花瓣披针形。荚果狭长圆形，盘旋，长 10～20cm，宽 1.2～1.4cm，开裂后果瓣旋卷；种子近圆形至椭圆形，长 5～8mm，宽 4.5～7mm，鲜红色，有光泽，种子表面有两个同心圆形纹。

◆ **季相变化及物候**：花期 5～7 月；果期 10～12 月。

◆ **产地及分布**：产我国贵州、广西、广东、福建和台湾，云南省西双版纳有产；缅甸、柬埔寨、老挝、越南、马来西亚、印度尼西亚均有栽培。

◆ **生态习性**：喜光树种，稍耐阴，喜温暖湿润气候，对土壤条件要求较严格，喜土层深厚、肥沃、排水良好的土壤。

◆ **园林用途**：可用作风景林树，也可用于公园中，或孤植于草坪上。

◆ **观赏特性**：树形优美，树冠如伞盖，枝叶秀丽，花期芳香，种子艳红。深秋时节红豆落地，绿色草坪中点缀朱红，别有情趣。

◆ **繁殖方法**：种子繁殖。选用当年采收、籽粒饱满、没有病虫害的种子。用 60℃ 左右的热水浸种 15min 对种子进行消毒，然后再用温热水催芽 12～24h。

◆**种植技术**：挖定植穴，株行距以 3m×3m 为宜，定植穴规格以 60cm×60cm×60cm 为宜，在种植穴底部撒上有机肥料作为基肥，厚度约为 4～6cm，再覆上一层土并放入苗木，以把肥料与根系分开，避免烧根。放入苗木后，回填 1/3 深的土壤；回填土壤到穴口，用脚把土壤踩实，浇透定根水；浇水后如果土壤有下沉现象，再添加土壤；最后用小竹杆把苗木绑扎牢固。春夏两季根据干旱情况，施用 2～4 次肥水：先在根颈部以外 30～100cm 开一圈小沟（植株越大，则离根颈部越远），沟宽、深都为 20cm。撒入 12～25kg 有机肥，然后浇上透水。入冬以后开春以前，照上述方法再施肥一次，但不用浇水。在冬季植株进入休眠或半休眠期，修剪枯枝。春、夏、秋三季是海红豆的生长旺季，肥水管理按照施肥、清水、施肥、清水顺序循环，间隔周期大约为 1～4天。在冬季休眠期，主要是做好控肥控水工作，肥水管理间隔周期大约为 3～7天。

毛叶合欢（滇合欢、大毛毛花）

Albizia mollis （Wall.） Boiv.

含羞草科（*Mimosoideae*）合欢属（*Albizia*）

识别特征

落叶乔木。小枝淡绿棕色，被柔毛，有棱角，老枝有多数显著的狭横皱纹。二回羽状复叶。总叶柄近基部及顶部一对羽片着生处各有腺体1枚，叶轴凹入呈槽状，被长茸毛。羽片4～10对，镰状长圆形，先端具小尖头，基部截平，两面均密被长茸毛或老时叶面变无毛，中脉偏上缘。头状花序排成腋生的圆锥花序。花白色或浅黄色，小花梗极短；花萼钟状，与花冠同被茸毛，雄蕊多数，花丝合生。荚果带状，长10～16cm扁平，棕色，不开裂。

◆ **季相变化及物候**：花期5～6月；果期8～12月。

◆ **产地及分布**：分布于尼泊尔、印度；我国云南、贵州、西藏等地，生长于海拔1800～2500m的地区，多生长在山坡林中。

◆ **生态习性**：属阳性树种，喜光，耐湿、耐干旱、耐贫瘠；对土壤要求较不严格，但以土层深厚肥沃、疏松、排水良好的酸性土生长最好。

◆ **园林用途**：宜孤植、群植于各类型绿地中作园景树、行道树、风景区造景树等，目前园林应用尚少。

◆ **观赏特性**：夏季绒球状单黄或白色的花朵成簇，似轻柔的绒球覆于枝头，秀雅别致。

◆ **繁殖方法**：种子繁育。荚果变褐、种子变硬后即可采摘。荚果采摘晾干用棍棒敲打脱粒，干藏。播种前催芽10天，将种子放入缸中，倒入80℃热水搅拌后浸种。第2天换水1次，第3天清水冲洗，捞出混以等体积的湿沙堆积保温，7、8天后种子约有1/3露白时即可播种。　在3～4月开沟条播，播后保持土壤湿润。

◆ **种植技术**：宜选择在土层深厚肥沃、疏松、排水良好的酸性土壤种植。毛叶合欢生长迅速，第三年秋后植株可高达3m以上，即可作行道树栽植；栽植穴内以堆肥作底肥，每年落叶后作定冠修剪，在移栽时不宜过深，干旱季节要适时浇水，以

保持土壤湿润，可有效防止病害产生。定植后要增加浇水次数，且每次要浇透。秋末施足基肥，以利根系生长和下年花叶繁茂。为满足园林艺术的要求，每年冬末需剪去细弱枝、病虫枝，并对侧枝适当修剪调整，以保证主干端正。

银合欢

Leucaena leucocephala （Lam.） de Wit

含羞草科（*Mimosaceae*）银合欢属（*Leucaena*）

识别特征

落叶乔木，高达 10m；幼枝被短柔毛，老枝无毛，具褐色皮孔，无刺；托叶三角形，小。二回羽状复叶互生，羽片 4～8 对，长 5～9(～16)cm；小叶 5～15 对，线状长圆形，长 7～13mm，宽 1.5～3mm，顶端急尖，基部楔形。头状花序通常 1、2 个腋生，直径 2～3cm；苞片紧贴，被毛，早落；花白色；花萼顶端具 5 细齿，外面被柔毛；花瓣狭倒披针形，背被疏柔毛；雄蕊 10 枚；柱头凹下呈杯状。荚果带状，长 10～18cm，宽 1.4～2cm，顶端凸尖，基部有柄，纵裂，被微柔毛；种子 6～25 个，卵形，长约 7.5mm，扁平，褐色，光亮。

◆**季相变化及物候**：花期 1～10 月，通常边开花边果熟。

◆**产地及分布**：产我国台湾、福建、广东、广西和云南（西部和南部）。

◆**生态习性**：喜光，耐旱，喜温暖湿润气候，对土壤要求不严，但在湿润肥沃的土壤中生长更好。

◆**园林用途**：可用作庭荫树和园景树，萌发力强。可散植于草地中，也可与其他植物搭配群植。

◆**观赏特性**：树形优美，叶如羽毛，花开时仿佛枝头上长满了白色绒毛球，美丽可爱，果实长而有光泽，是良好的观叶、观花、观果树种。

◆**繁殖方法**：种子繁殖。当荚果由绿色变为褐色时，选择长势良好的母树进行采集。将采回的果实晒干，取出种子，银合欢种子外皮具蜡质，渗透性差，播种前须用80℃热水浸种2～3min，再浸水2～3天，然后晒干，贮藏一段时间后播种，播后1周即可出苗。

◆**种植技术**：宜选择光照充足，土壤湿润肥沃的地方种植。种植前整地，清除杂草，挖定植穴规格以60cm×60cm×60cm为宜。每个定植穴施400g掺钙镁磷肥或300g复合肥，与土拌匀后回填。定植后浇足定根水，并及时除草。每隔1～2年追施磷肥和微量元素肥料一次。银合欢易患木虱，可用灭净菊酯10ml稀释1000倍喷洒。

粉花山扁豆（节果决明、粉花决明）

Cassia nodosa Buch.-Ham.ex Boxb.

苏木科（*Caesalpinioideae*）决明属（*Cassia*）

识别特征

半落叶乔木，高约10m；小枝纤细，下垂，薄被灰白色丝状绵毛。叶长 15～25cm，偶数羽状复叶互生，叶轴和叶柄薄被丝状绵毛，无腺体；小叶 6～13 对，长圆状椭圆形，近革质，顶端圆钝，微凹，上面被极稀疏短柔毛，下面疏被柔毛，边全缘。伞房状总状花序腋生；花瓣 5，粉红至粉白色。荚果圆筒形，长 30～55 cm，有明显环状节。

◆**季相变化及物候**：初春发芽，花期5～7月，果期翌年3～4月。

◆**产地及分布**：原产热带亚洲和夏威夷群岛；我国海南、两广南部等地有栽培，云南省栽培于南部（西双版纳、普洱、德宏）。

◆**生态习性**：阳性树种，喜光，耐高温酷暑，也能耐轻霜及短期0℃低温；对土壤要求不严，一般肥力中等土壤均能生长繁茂，但以土层深厚肥沃、疏松、排水良好的酸性土生长最好，荒山则生长不良。

◆**园林用途**：热带、南亚热带地区优秀观花树种之一，花开满树，成丛成片或大型孤立栽植可形成远景花海和花丛，也可用作行道树、可丛植、孤植于庭院、公园和水滨、草坪等。

◆**观赏特性**：树形优美，树冠圆整广阔，遮阴效果好，枝叶碧绿清翠。初春时节，吐露出娇嫩绿色的幼芽，淡雅简朴、清新自然；花期长，盛花时节，满树粉花，覆盖整个冠幅，飘柔下坠，花叶相映，艳丽悦目，景色别致，惹人喜爱。

◆**繁殖方法**：种子繁育。4～5月间，荚果由青绿色变黑褐色或棕褐色即可采种，种子随播或晒干袋藏，于5～10月播种。播种前用沸水浸种，自然冷却，再换清水浸泡24h，种子发芽时气温需在20℃以上。

◆**种植技术**：宜选择土层深厚、肥沃，空气湿度大，光照充足的地块种植。种植前整地，清除杂草，挖定植穴规格以70cm×70cm×50cm为宜，每个定植穴放塘泥或垃圾肥20kg左右；苗木带土团定植成活率高，种植后浇足定根水，保持土壤湿润，1个月苗木恢复生长后可施肥，每年施肥1、2次。雨季来临前结合除草进行一次追肥，每株施入复合肥300g，雨季结束后再进行一次除草松土，3年以后可根据实际情况不定期进行清除杂灌草工作，注意及时修枝扶干整形。

凤凰木（金凤树、红花楹）

Delonix regia （Boj.） Raf.

苏木科（*Caesalpiniaceae*）凤凰木属（*Delonix*）

识别特征

　　落叶乔木；树冠开展如伞状。叶为二回偶数羽状复叶，长 20～60cm，具托叶；小叶 20～40 对，密集对生，近矩圆形，长 4～8mm，宽 3～4mm，先端钝圆，基部偏斜，中脉明显，两面被柔毛。伞房状总状花序顶生或腋生；花萼绿色，萼片 5；花冠鲜红色，具有黄色及白色条纹。荚果带形，木质扁平，长 30～60cm，宽 3.5～5cm。

◆**季相变化及物候**：花期 5～7 月，果期 8～11 月。

◆**产地及分布**：原产马达加斯加，世界热带地区常栽种；我国广东、福建、台湾、广西、云南等省栽培。

◆**生态习性**：凤凰木为热带树种，喜高温多湿和阳光充足环境，不耐寒，冬季温度不低于 10℃。怕积水，较耐干旱；耐瘠薄土壤，以深厚肥沃、富含有机质的沙质壤土为宜；盐碱地，黏土不透气和长期积水地不适应。浅根性，但根系发达，抗风能力强，抗空气污染；萌发力强，生长迅速。

◆**园林用途**：凤凰木是世界热带地区著名的观赏树木，可作庭荫树、园景树、行道树；宜孤植于庭院、公园草坪中或广场，列植于道路两旁。

◆**观赏特性**：树冠扁圆伞状开展，夏日枝叶浓绿密荫，姿态婆娑，叶形如鸟羽，夏季开花时节，花大而鲜红艳丽，覆满枝头，色彩夺目，相映成趣。

◆**繁殖方法**：以种子繁育为主。12 月种子成熟，采集荚果取出种子干藏，翌年春季播种。播种前需用 80℃温水烫种催芽，自然冷却后，继续浸泡 24h，沥干后进行播种。

◆**种植技术**：宜选择土壤肥沃、深厚、排水良好且向阳处栽植。种植前先整地，将育苗地上的杂灌草全部清除，然后挖穴定植；株行距在 60cm 左右，3 年生苗就可用于移植。移栽以春季发芽前成活率高，也可雨季栽植，但要剪去部分枝叶，保其成活。植株葫芽力强，可以来取截干法培养大苗。定植后每年松土、除草 2、3 次，适时浇水，春、秋各施一次追肥，及时除去根部萌蘖条，以保证树体生长良好。种植 6～8 年即开始开花结实。

刺桐

Erythrina variegata Linn.

蝶形花科（*Papilionaceae*）刺桐属（*Erythrina*）

识别特征

落叶乔木。枝有明显叶痕及短圆锥形的黑色直刺。叶长 15～20cm，羽状复叶具 3 小叶，常密集枝端；小叶膜质，宽卵形或菱状卵形，顶端渐尖而钝，基部宽楔形或截形。总状花序顶生，长 10～16cm，上有密集、成对着生的花；花萼佛焰苞状；花冠红色，旗瓣椭圆形，顶端圆，瓣柄短；翼瓣与龙骨瓣近等长；龙骨瓣 2 片离生。荚果黑色，肥厚，种子间略缢缩；种子暗红色。

◆ **季相变化及物候**：花期 3～9 月，果期 10～11 月，落叶期 12～次年 1 月。

◆ **产地及分布**：原产印度至大洋洲海岸，我国云南、广东、广西、福建及台湾等地均有栽培。

◆ **生态习性**：喜光，喜温暖湿润气候，耐旱，也耐湿，但不耐寒，对土壤要求不严，但在肥沃湿润的土壤中生长最好。

◆ **园林用途**：可用作行道树、庭荫树、园景树，孤植、群植、列植皆可。

◆ **观赏特性**：树形优美，枝叶扶疏，春夏时节花先于叶盛开，花型独特，红艳美丽，是良好的景观树种。

◆ **繁殖方法**：扦插繁殖。插穗选择 1 ～ 2 年生苗干，以生长健壮、无病虫害、木质化程度好为宜。插穗长度以 0.2m 为宜。剪好的插穗，需放入清水中浸泡 24h。扦插时间应选在 1 ～ 2 月，直插于苗床，扦插后立即灌水，使插穗与土壤紧密结合。

◆ **种植技术**：宜选择在光照充足，肥沃湿润的土壤种植。种植前整地，清除杂草，定植穴规格以 60cm×60cm×40cm 为宜。栽植时间以休眠期为宜，栽植时，将苗木栽紧栽实，做到苗正根舒。栽植后浇足定根水，并加强管护，及时松土除草，修剪枝叶。

枫香

Liquidambar formosana Hance

金缕梅科（*Hamamelidaceae*）枫香树属（*Liquidambar*）

识别特征

落叶乔木。单叶互生，叶薄革质，阔卵形，掌状 3 裂，中央裂片较长，先端尾状渐尖；基部心形；上面绿色。雄性短穗状花序常多个排成总状，雌性头状花序有花 24 ～ 43 朵，花序柄长 3 ～ 6cm，头状果序圆球形，木质；蒴果下半部藏于花序轴内，有宿存花柱及针刺状萼齿。

◆**季相变化及物候**：花期3～4月，果期9～10月，色叶景观11～12月，落叶期1～2月。

◆**产地及分布**：产我国秦岭及淮河以南各省，北起河南、山东，东至台湾，西至四川、云南及西藏，南至广东；越南北部，老挝及朝鲜南部也有分布。

◆**生态习性**：喜光，幼树稍耐阴，喜温暖湿润气候及深厚湿润土壤，也能耐干旱瘠薄，但较不耐水湿，萌蘖性强，可天然更新。深根性，主根粗长，抗风力强。

◆**园林用途**：在园林中可用作行道树、风景林，亦可在园林中栽作庭荫树，或孤植、丛植于山坡、池畔与其他树木混植。

◆**观赏特性**：树高枝干通直，树冠宽阔，深秋叶色红艳，美丽壮观，是秋色叶景观优秀树种。

◆**繁殖方法**：常用种子繁殖。每年10月下旬采集已成熟球果，堆放3～4天，再摊开曝晒5～6天，经翻动敲打筛选，清除杂质得净种，用布袋装好置于通风干燥荫凉处。翌春3月上、中旬播种。发芽出土后及时松土、除草、间苗以及施肥。

◆**种植技术**：选择立地较好的地块，采用大块状整地，整穴规格 60cm×60cm×40cm，整穴后回土时表土填底，心土填表层，栽植应在 2 月底前完成。栽植苗选择 1 年生 Ⅰ 级壮苗，截断过长主根，栽植时做到苗正、根舒、压实。栽植后当年冬季可对主干明显的植株从靠近地面的基部进行截干处理，到来年长出新枝后，进行除萌、选留主干，幼树每年进行 2 次松土除草、施肥，分别在 5～6 月、8～9 月进行，并扩穴、根际壅土、除萌，连续进行 3～4 年。

栓皮栎

Quercus variabilis Bl.

壳斗科（*Fagaceae*）栎属（*Quercus*）

识别特征

落叶乔木。叶片卵状披针形或长椭圆形，顶端渐尖，基部圆形或宽楔形，叶缘具刺芒状锯齿，叶背密被灰白色星状绒毛。壳斗杯形；小苞片钻形，反曲，被短毛。坚果近球形或宽卵形，顶端圆，果脐突起。

◆**季相变化及物候**：花期 3～4 月，果期 9～10 月。

◆**产地及分布**：原产西欧，北非。我国华北、华南、西南等也有分布。

◆**生态习性**：喜光，幼苗略耐荫，耐寒；对土壤适应性强，深根性，抗旱、抗风、抗火。

◆**园林用途**：可做庭荫树，观赏树，孤植或丛植均可以达到很好的景观效果。

◆**观赏特性**：树冠雄伟，树干通直，枝条广展，树荫浓厚，叶背灰色炫目，入秋叶子转为橙褐色，观赏效果很好。

◆**繁殖方法**：常用种子繁殖。选择健壮、无病虫害、干形通直的母树采种，阴干种子后进行沙藏。早春做床条播，每隔 20cm 开一条播种沟，深 6～7cm，株距 15cm 点播；幼苗出土后，保持苗床湿润，注意灌溉和松土除草，施足底肥，分别在 6、7 月中下旬进行适量追肥。

◆**种植技术**：通常选择阳坡或半阴坡土层深厚肥沃、湿润的壤土或沙壤土上，根据地形、土壤条件、植被类型、劳力供应等具体情况，可采用全面、等高带状、坑穴等方法，因地制宜。全面整地适应在缓坡（5～15 度）的低山、丘陵或波状起伏的荒山、荒地进行。带状整地适宜在坡度为 20～30 的山坡地，在坡面按等高线开挖成带，带宽 50～80cm，栽植时再在带上挖穴。在坡度较大，超过 30 度，地形又比较破碎、土层薄、岩石多的地段，多采用鱼鳞坑整地。在较好的立地条件下，株行距宜采用（1.67m×1.67m）～（1.33m×1.16m），每公顷 3600～4500 株，种植后浇水要适时适量，第一次浇水要充分浇透，出苗期和幼苗期要多次、适量、勤浇，保持湿润，速生期则应少次多量，生长后期要控制浇水。施肥，将一定比例的氮、磷、钾养分的混合肥料，配成 1:200 ～ 1:300 浓度的水溶液，进行喷施，严禁干施化肥，追肥后要及时用清水冲洗幼苗叶面。根外追氮肥浓度为 0.1% ～ 0.2%。及时除草松土，增强幼苗的抗旱能力。

滇朴（四蕊朴）

Celtis tetrandra Roxb.

榆科（*Ulmaceae*）朴属（*Celtis*）

识别特征

　　落叶乔木。叶厚纸质至近革质，通常卵状椭圆形，长 5～13cm，宽 3～5.5cm，基部多偏斜，先端渐尖至短尾状渐尖，边缘近全缘至具钝齿，幼时叶背、叶柄密生黄褐色短柔毛，老时或脱净或残存。花被片 4。果常 2、3 枚生于叶腋，其中一枚果梗（实为总梗）；果成熟时黄色至橙黄色，近球形，直径约 8mm。

◆**季相变化及物候**：花期 3～4 月，果期 9～10 月。

◆**产地及分布**：我国产西藏南部、四川（西昌）、广西西部、云南中西部和南部地区；在尼泊尔、不丹、缅甸、越南有分布。

◆**生态习性**：为阳性树种，稍耐阴；耐水湿，但有一定抗旱性，喜肥沃、湿润而深厚的中性土壤，在石灰岩的缝隙中亦能生长良好；深根性，抗风力强，有一定的抗污染能力。

◆**园林用途**：是优良的绿化树种，可作行道树、庭院树、公园树、防护林树；宜列植于道路或水边，孤植或散植于公园、庭院中，也宜作为厂区绿化树种。

◆**观赏特性**：滇朴树形优美．季相变化明显，且富有鲜明的地方文化色彩，极具观赏价值。

◆**繁殖方法**：以种子繁育为主。采集成熟果实去阴干后收藏，播种前浸种 3 ～ 4 天，条播。

◆**种植技术**：宜选择土层深厚、肥沃、疏松的土壤种植。

移植的最佳季节是冬季落叶后至春季发芽前，带坨移植，保持一定数量的须根完好，通过采取修枝疏叶、缩短中途停滞时间、生根粉处理、消毒和精心养护等措施，减少了植株体内的水分流失，提高移植成活率。大树移栽定植完毕后，必须及时进行树体固定，稳固树干。围堰，浇足定根水。2 ～ 3 天后浇第 2 次水，过 1 周后浇第 3 次水，以后应视土壤墒情浇水。遇高温干燥季节，遮阴、喷水保湿，为树体提供湿润的小气候环境。移植初期，宜采用根外追肥，一般半个月左右 1 次。用尿素、硫酸铵、磷酸二氢钾等速效性肥料配制成浓度为 0.5% ～ 1% 的肥液；根系萌发后，可进行土壤施肥，要求薄肥勤施。移栽的大树成活后，修剪掉不必要的萌芽及枝条，以便形成丰满的树冠，达到理想的景观效果。

构树（名榖、楮树）

Broussonetia papyrifera （L.） L'Hér. ex Vent.

桑科（*Moraceae*）**构属**（*Broussonetia*）

识别特征

落叶乔木。单叶互生，叶螺旋状排列，广卵形至长椭圆状卵形，先端渐尖，基部心形，两侧常不相等，边缘具粗锯齿，小树之叶常有明显分裂，表面粗糙，疏生糙毛，背面密被绒毛，基生叶脉三出；叶柄密被糙毛；托叶大，卵形，狭渐尖。雌雄异株；雄花序为柔荑花序。聚花果，成熟时橙红色，肉质。

◆ **季相变化及物候**：初春发芽，花期 4～5 月，果期 6～9 月。

◆ **产地及分布**：原产我国南北各地，中国黄河、长江、珠江流域有分布；也见于越南、日本。

◆ **生态习性**：强阳性树种，耐南方的温热气候，耐干旱瘠薄，也能生长在湿地，喜钙质土，也可在酸性，中性土中生长。抗污染性强。

◆ **园林用途**：可做园景树、行道树和防护林；抗污性强特别适合于空气污染严重的化工厂等地应用。可孤植、丛植片植片植、列植。

◆ **观赏特性**：构树树形优美，树冠庞大，有很好的遮阴效果；果成熟橙红色，成熟后的果实点缀在绿叶间给人以万绿丛中一点红的美感，果实自身也有较佳的观赏价值。

◆ **繁殖方法**：种子繁殖；10 月份采集成熟的构树果实，装在桶内捣烂，进行漂洗，除去渣液，获得纯净种子，稍晾干即可干藏备用。选择背风向阳、疏松肥沃、深厚的壤土地作为圃地。秋季播种前先翻犁一遍，去除杂草、树根、石块，随后施足基肥。种子与细土（或细沙）按 1:1 的比例混匀后撒播，然后覆土 0.5cm，稍加镇压即可。对于干旱地区，需盖草。对于盖草育苗的，当出苗达 1/3 时开始第一次揭草，3 天后第二次揭草。此间注意保湿、排水，进入速生期可追肥。作好松土除草、间苗等常规管理。构树苗期较少见病虫害。

◆**种植技术**：宜选择在土层深厚、肥沃，空气湿度大，光照充足的地方种植。种植前整地，清除杂草，挖定植穴。按栽种时间的不同可分为春季栽植、夏季栽植和秋季栽植。原则上土壤肥沃，条件较好的土质以株行距 1m×1m 进行栽植；贫瘠的土地可采取株行距为 0.8m×0.8m 进行栽植，采取单行栽植的方式栽植。按株距定点挖穴，行与行的穴坑要求平行间错。栽植时应使种苗的根系保持舒展，回填土时，保证土壤与种苗根系充分接触，不留缝隙。回填土经踏实以后，应略高于地表土层 1 ～ 2cm。定植后立即灌溉，灌溉时水流宜缓、宜深透。后期管理注意对树枝定期修剪及合理施肥。

假菩提

Ficus rumphii Bl.

桑科（*Moraceae*）榕属（*Ficus*）

▶**识别特征**

　　落叶乔木。叶近革质，心形至卵状心形，长 6 ～ 13cm，最宽 6 ～ 11cm，先端渐尖，基部浅心形至宽楔形，两面无毛，基生叶脉五出，外侧 2 脉短而细，侧脉 5、6 对；叶柄长 6 ～ 8cm，无毛；托叶卵状披针形，长 1.2 ～ 2.5cm，脱落后遗留明显托叶痕。雌雄同株，榕果无总梗，成对腋生或簇生于已落榛十枝叶腋，球形，直径 10 ～ 15mm，幼时被黑色斑点，成熟时紫黑色。

◆**季相变化及物候**：花期 3 ～ 4 月，果期 5 ～ 6 月。

◆**产地及分布**：产我国云南西南部；印度中部和北部及尼可巴群岛、安达曼群岛、缅甸、越南、泰国、马来西亚、印度尼西亚爪哇、马鲁古群岛、苏拉威西、东帝汶有分布。

◆**生态习性**：阳性树种，喜光，喜高温高湿，25℃时生长迅速，越冬时气温要求在 12℃ 左右，不耐霜冻；对土壤要求不严，但以肥沃、疏松的微酸性土壤为好。

◆**园林用途**：适合孤植于开阔绿地处，如公园、广场、寺庙等，是较受欢迎的园林观赏树种。

◆**观赏特性**：树冠开阔，枝叶繁茂，叶形优美，遮阴效果好。

◆**繁殖方法**：同菩提树。扦插繁殖。应在在春季到秋季选择 8 ～ 15 年生健壮的母株，选取有饱满腋芽的枝条，截取半木质化部分长约15cm的插穗进行扦插，插穗株行距以5cm×10cm为宜，深度以3cm为宜，扦插后搭上小弓棚，用白色塑料薄膜盖上，两端保持通风透气，每天多次淋水保证小棚内湿度。扦插后用广普性杀菌剂，如：白菌清、多菌灵等0.1125%～0.12%浓度溶液每7天喷洒插穗，防止插穗在高温高湿的条件下腐烂。10天左右即可长根。

◆ **种植技术**：宜选择在土层疏松深厚，富含有机质的缓坡地种植。种植前整理地，清除杂草。挖定植穴规格40cm×40cm×40cm，每穴施2～2.5kg腐熟农家肥和0.5kg磷肥；大树定植穴60cm×60cm×50cm，每个定植穴施4～5kg腐熟农家肥和0.8kg磷肥。定植恢复生长后，前3年每年在雨季来临时分别进行2、3次追肥，每次追施复合肥50～80g。菩提树幼苗易患猝倒病和黑斑病。

黄葛树（黄葛榕、大叶榕）

Ficus virens Ait. var. *sublanceolata*（Miq.）Corner

桑科（*Moraceae*）**榕属**（*Ficus*）

识别特征

落叶乔木，植物体常有白色乳汁；有板根或支柱根，幼时附生。叶长10～20cm，宽4～6cm，单叶互生，薄革质，卵状披针形至椭圆状卵形，顶端短渐尖，基部钝圆或楔形至浅心形，全缘。雄花、瘿花、雌花生于同一榕果内。隐花果单生或成对生于落叶枝的叶腋，球形，径8～10mm，成熟时紫红色，无花序梗，基部苞片3。

◆ **季相变化及物候**：花、果期4～6月。

◆ **产地及分布**：产我国广东、海南、广西、福建、台湾、浙江，云南全省均有产；斯里兰卡、印度、不丹、缅甸、泰国、越南、马来西亚、印度尼西亚、菲律宾、巴布亚新几内亚至所罗门群岛和澳大利亚北部均有分布。

◆ **生态习性**：阳性树种，喜光，略耐寒，喜温暖至高温湿润气候，对土壤条件要求不高，略耐贫瘠，喜排水良好的酸性至中性土壤。

◆**园林用途**：可用作行道树、庭院树和风景林树，也可用于公园中，群植或孤植皆可。

◆**观赏特性**：干枝展开，冠阔浓阴，树姿壮观，绿荫效果好。落叶期短，冬春之交落叶前叶变黄色，早春萌发新叶芽，似毛笔状，接着展开嫩叶碧翠，春意盎然，夏秋季深绿色，季相变化明显。

◆**繁殖方法**：常用扦插繁殖，也可种子繁殖。扦插繁殖应在 2～3 月或 9～10 月，剪取 2～3 年生斜出生长的硬枝为插条，长 15～30cm，斜插于苗床中，插后浇透水。

播种繁殖在浆果出现粉红色就可以采收回来，浆果一定要搓洗稀烂，播后才能发芽。搓洗前

准备好棉纱布，因种子细小，用布把浆果包裹好后，放到清水里反复搓洗，拧干水后将纱布摊开连同种子（包括浆果渣）一起晾干，一般晾干 2～3 天就能播种。

◆**种植技术**：宜选择在光照条件好，排水性好的土地种植。种植前先整理地块，清除砖石瓦块及枯枝、杂草。然后挖定植穴，株行距以 3m×3m 为宜，定植穴规格以 50cm×50cm×50cm 为宜，苗木需带土团定植，定植后灌一次透水。定植后第一年秋天施一次追肥，第二年早春和秋季，至少要施肥2、3次。并且要注意及时浇水和修剪树木。

苦楝

Melia azedarach Linn.

楝科（*Meliaceae*）楝属（*Melia*）

识别特征

落叶乔木。叶为奇数羽状复叶；小叶对生、卵形、椭圆形至披针形，顶生一片通常略大，先端短渐尖，基部楔形或宽楔形，边缘有钝锯齿，侧脉每边 12～16 条。圆锥花序约与叶等长。花芳香；花萼5深裂；花瓣淡紫色。核果球形至椭圆形，内果皮木质，4、5室。

◆**季相变化及物候**：花期 4～5 月，果期 10～12 月。

◆**产地及分布**：产我国黄河以南各省区，较常见，目前已广泛应用于城市绿地，广布于亚洲热带和亚热带地区，温带地区也有栽培。

◆**生态习性**：喜光树种，不耐荫蔽；喜温暖湿润气候，耐寒力不强。对土壤要求不严，在土壤肥沃湿润的土地上生长更好。

◆**园林用途**：是良好的城市及工矿厂区绿化用树；宜在草坪孤植或做庭荫树，也可配置于池边、路旁或做行道树。

◆**观赏特性**：其树形优美，叶形秀丽，春夏之交开淡紫色花朵，清新淡雅，且有淡香，果实球形，成熟时淡黄色，经久不落。

◆**繁殖方法**：常用种子繁殖。11月当果实呈黄色成熟时，选择健壮母树采种。用手摘或用竹杆敲落于地面收集或用采种刀将果穗割下于地面收集。果实用水浸泡1～3天，置水中搓擦漂洗除去果肉果皮，混湿沙储藏至次年春播种。也可将果实混湿沙储藏，约一个月后将混沙的果实连沙子一起搓擦除去果肉果皮，洗净再沙藏或干藏。采用常规大田育苗方法，作苗床、施基肥、播种育苗，春播，条播，行距30cm，株距15～20cm，覆土以不见种子为度，盖草席或薄膜保湿，一般在5月上、中旬幼苗出土。待苗高长到7～10cm时及时间苗，均匀选留1株健壮幼苗，保留株距25cm左右。

◆**种植技术**：一年生楝树苗长到1～2m高时即可移栽，株行距为4m×4m栽植。挖大穴整地，穴长50cm，穴宽50cm，穴深50cm，穴内施足基肥，覆一层土，太长的根，剪去先端，把苗木放入穴中间，覆土半穴，轻轻提苗，让根部疏展，再覆土踩实，浇足定根水，再将树穴覆土填平。为保证良好株型，新芽未萌动前用利刀斩梢1/3～1/2，切口务求平滑，呈马耳形，并在生长季节及时抹去侧芽。仅在切口处留1个壮高芽作主干培养，这样可促进主干高生长，使干性通直圆满。栽植后每年春冬两季各施追肥1次，以人畜粪和饼肥为主，树冠外缘开沟环施，施肥时结合壅土培根。

红椿（红楝子）

Toona ciliata Roem.

楝科（*Meliaceae*）香椿属（*Toona*）

识别特征

落叶乔木。叶长 25～40cm，偶数或奇数羽状复叶，对生或近对生，纸质，通常有小叶 7～8 对，长圆状卵形或披针形，顶端尾状渐尖。圆锥花序顶生，约与叶等长或稍短；花萼短，5 裂；花瓣 5，白色，长圆形。蒴果长椭圆形，长 2～3.5cm，木质，干后紫褐色，有苍白色皮孔。种子两端具翅，翅扁平，膜质。

◆ **季相变化及物候**：花期 4～5 月，果期 7～8 月。

◆ **产地及分布**：产我国福建、湖南、广东、广西、四川等，云南省德宏、西双版纳、普洱和文山有产；印度、中南半岛、马来西亚、印度尼西亚等均有栽培。

◆ **生态习性**：阳性树种，喜光，不耐庇荫，幼苗或幼树稍耐阴，喜温暖湿润气候，适宜砖红壤土。对水肥条件要求较高，在深厚、肥沃、湿润、排水良好的酸性及中性土上生长良好。

◆ **园林用途**：可作行道树、庭荫树、园景树，植于公园、广场、单位等。

◆ **观赏特性**：树形优美，树干挺拔，枝叶浓密，枝条向四周伸展，庇荫效果良好。花序大而芳香。种子红色，上面的同心有很好的象征意义。

◆ **繁殖方法**：种子繁殖。7～8 月为果期，蒴果开裂后散出种子，应及时采收。即采即播为宜，或在低温下（5℃）贮藏。播种前用温水浸种 24h 催芽。

◆ **种植技术**：宜选择在光照条件好、土层深厚、肥沃、湿润、排水良好的酸性土中种植。种植前整地、清除杂草，挖定植穴规格以 40cm×40cm×40cm 或 50cm×50cm×50cm，穴取决于苗木大小。每个定植穴施磷肥 0.5kg，复合肥 0.25kg。定

植后浇足定根水，并做好田间管理工作。定植后三年，每年红椿芽萌发前在树冠周围开沟施复合肥 0.25kg。每隔 1 ～ 3 年除杂松土一次，并对红椿及时进行修剪。

香椿

Toona sinensis （A. Juss.） Roem.

楝科（*Meliaceae*）香椿属（*Toona*）

识别特征

　　落叶乔木。偶数羽状复叶，具长柄；小叶 16 ～ 20，对生或互生，纸质，卵状披针形或卵状长椭圆形，先端尾尖，基部一侧圆形，另一侧楔形，不对称，边全缘或有疏离的小锯齿。圆锥花序与叶等长或更长；花瓣 5，白色，长圆形。蒴果狭椭圆形，深褐色，有小而苍白色的皮孔，果瓣薄；种子上端有膜质的长翅。

◆ **季相变化及物候**：花期 6 ～ 8 月，果期 10 ～ 12 月。

◆ **产地及分布**：产我国华北、华东、中部、南部和西南部各省区；朝鲜也有分布。

◆ **生态习性**：喜光树种，不耐庇荫。有一定的耐寒性，耐旱性较差，但随着树龄增加，抗旱、抗寒能力逐渐增强；喜深厚肥沃的土壤。

◆ **园林用途**：在园林绿化中可以孤植、丛植或群植做庭荫树、园景树，也可做行道树。

◆ **观赏特性**：树干通直，冠幅较大，枝叶茂盛，春秋两季叶色红艳，有较好的观赏性，是观叶和观树形树种。

◆ **繁殖方法**：常用种子繁殖或分株繁殖。播种前将种子在 30 ～ 35℃温水中浸泡 24h，捞起后，置于 25℃催芽。至胚根露出米粒大播种，苗床地温最低 5℃左右。出苗后，2、3 片真叶

时间苗，4、5 片真叶时定苗，行株距为 25cm×15cm。如采用分株繁殖，可在早春挖取成株根部幼苗，植在苗地上，当次年苗长至 2m 左右，再行定植。也可采用断根分蘖方法，于冬末春初，在成树周围挖 60cm 深的圆形沟，切断部分侧根，然后将沟填平，断根先端萌发新苗，次年即可移栽。

◆**种植技术**：选择土层深厚、肥沃、阳光充足的地块。种植前清理杂草，挖定植穴规格 50cm×50cm×50cm，裸根起苗，每年除草松土，由于香椿生长迅速，栽植当年应注重株型的培养，5～6 月追磷酸二铵 450kg/hm²，浇 3、4 次水。香椿为肉质根，喜水怕涝，雨季应注意排涝，防止积水沤根。9 月上旬前每 0.067hm² 追施尿素 20kg，根外追施磷酸二氢钾，促进植株健壮生长。9 月中旬以后不再浇水追肥；后期视情况不定期进行除草修剪工作，注意及时对枝干修剪保持较好的树形。

云南七叶树（火麻树、牛卵子果、马卵果）

Aesculus wangii Hu

七叶树科（*Hippocastanaceae*）七叶树属（*Aesculus*）

▶ **识别特征**

　　落叶乔木。叶长 11～17cm，掌状复叶对生；小叶 5～7 枚，纸质，椭圆形至长椭圆形，稀倒披针形，顶端锐尖，基部钝形至近于阔楔形，边缘有钝尖向上弯曲的细锯齿，上面深绿色，无毛，下面淡绿色。花序顶生，花杂性，雄花与两性花同株。蒴果扁长 4.5～5cm，直径 6～7.5cm，球形稀倒卵形，顶端有短尖头。

◆**季相变化及物候**：花期 4～5 月，果期 9～10 月，落叶期 12～1 月。

◆**产地及分布**：产我国云南（文山州），为云南特有树种。

◆**生态习性**：阳性树种，喜光，喜温暖湿润气候，喜土层深厚、肥沃的土壤。

◆**园林用途**：可用作行道树、庭荫树、园景树，配植于公园、大型庭院、机关、学校等。也可种在池塘湖畔，点缀在山石、亭侧或门口。

◆**观赏特性**：干形通直，树姿壮丽，枝叶扶疏，冠如华盖，叶大而形美，开花时硕大的花序竖立于叶簇中，似一个个华丽的大烛台，蔚为奇观。

◆**繁殖方法**：以种子繁殖为主，也可扦插繁殖。种子繁殖以随采随播为宜，当果实的外表变成深褐色并开裂时即可采集，收集后摊晾 1～2 天，脱去果皮后即可用于播种。也可湿沙贮藏，待次年春季播种。种子淀粉含量高，沙藏时注意贮藏温湿度，防止种子霉烂。

扦插繁殖可采用夏季嫩枝扦插或冬季一年生枝条硬枝扦插，使用植物生长调节剂可以提高成活率。

◆**种植技术**：宜选择在土壤深厚肥沃半阳坡或阴坡，种植前先整地，将育苗地上的杂灌木和草全部清除，挖定植穴规格以 60cm×60cm×50cm 为宜。施足底肥，栽正踩实后灌足水，定植后，要加强肥水管理。整形修剪在每年落叶后冬季或次年春季发芽前进行，主要对枝条进行短剪，刺激形成完美的树冠，还要将枯枝、内膛枝、纤细枝、病虫枝及生长不良枝剪除，有利于养分集中供应，形成良好树冠。

无患子

Sapindus mukorossi Gaertn.

无患子科（*Sapindaceae*）无患子属（*Sapindus*）

识别特征

　　落叶或半常绿大乔木，高 10～25m，树皮黑褐色；嫩枝绿色，双数羽状复叶长 25～35cm，叶柄长 6～9cm，小叶 4～8 对；互生或近对生，纸质，卵状披针形或长圆状披针形，小叶长 8～15cm，宽 3～5.5cm，先端急尖或渐尖，基部偏楔形，侧脉纤细两面隆起；圆锥花序顶生，长 15～30cm，被黄茸毛；花小，通常两性；萼片与花瓣各 5，花萼绿白色或紫色，卵圆形，外面基部被微柔毛；花瓣 5，披针形，瓣爪内侧有被白色长柔毛的小鳞片 2；花盘环状，雄蕊 8，伸出，花丝下部被白色长柔毛；子房倒卵状三角形，花柱短。核果肉质，球形，有棱，直径约 2cm，黄色，橙黄色，干时变黑。种子球形，黑色，坚硬。

◆ **季相变化及物候**：花期 4 月；果期 6～9 月；秋季落叶。

◆ **产地及分布**：我国长江以南及台湾广布，印度中南半岛及朝鲜日本也有分布。

◆ **生态习性**：属阳性树种，稍耐荫，喜温暖湿润的气候；对土壤要求不严格，一般肥力中等土壤均能生长繁茂，但以土层深厚肥沃、疏松、排水良好的砂壤土中生长最好。

◆ **园林用途**：宜作庭荫树和行道树，宜孤植于庭院、建筑物旁；对二氧化硫抗性较强，也适用于工厂、矿区绿化。

◆ **观赏特性**：树姿挺秀，树冠开展，绿荫浓密，果实累累，橙黄丰硕，秋叶金黄，绚丽喜人。

◆ **繁殖方法**：播种繁殖。选生长健壮的壮龄母树，果皮黄色透明时采种，采收后浸水沤烂果皮，洗净阴干即播，或湿沙层积，翌年春播。育苗地宜层深厚、肥沃、排水良好的地块。深翻细耕，施足基肥，开排水沟。条播或点播，行距约 25cm，覆土厚 2.5cm，种子发芽期重点防治地下害虫，小苗期重点防治天牛，当年苗高 0.8～1m 即可出圃。

◆**种植技术**：移栽宜在冬季至早春休眠期进行，宜选择光照充足、土层深厚、排水良好的地块，小苗宿土，大苗需带土球。一年生苗木，按株行距60cm×80cm株行距定植。起苗及定植时，应保护好顶芽及根系，并尽量多带宿土。主要害虫有星天牛、红蜡蚧、刺蛾、大蓑蛾、斑翅夜蛾等，以农业防治为基础，结合生物防治、化学防治进行防治。

黄连木（鸡冠果、黄连树、茶树、黄连茶）

Pistacia chinensis Bunge

漆树科（*Anacardiaceae*）**黄连木属**（*Pistacia*）

识别特征

落叶乔木。偶数羽状复叶互生，纸质，小叶5～7对，披针形或卵状披针形或线状披针形，顶端渐尖或长渐尖，基部偏斜，全缘。花单性异株，先花后叶，圆锥花序腋生，雄花序淡绿色；雌花序紫红色。核果倒卵状球形，略压扁，初为黄白色，后变红色至蓝紫色。

◆**季相变化及物候**：秋天叶变黄色，日夜温差大的地方，叶在秋天常变为红色，，花期3～4月，果期9～11月。

◆**产地及分布**：产我国长江以南各省区及华北、西北；菲律宾也有分布。

◆**生态习性**：喜光树种，喜温暖，不耐严寒，对土壤要求不高，但以在肥沃、湿润而排水良好的土壤生长最好。

◆**园林用途**：可用作行道树、庭荫树、园景树，也可作造林树种。在园林中可散植于山石、亭台楼阁旁，也可孤植于草坪中。可营造秋季色叶景观林。

◆**观赏特性**：树姿秀丽，树冠浑圆，春季圆锥状花絮颜色亮丽，嫩叶及秋后老叶红艳如霞，种子秋后呈绿、蓝、红等色，为良好的观叶、观花和观果植物。

◆**繁殖方法**：以种子繁殖为主，也可扦插、嫁接。种子繁殖宜选择 20～40 年生，生长健壮的母树采种。当核果成熟及时采果，否则易自行脱落。采下的种子浸入混草木灰的温水中浸泡数日，然后搓洗，除去种皮蜡质，再用清水洗净，晾干后播种或贮藏。

◆**种植技术**：宜选择在光照条件好，土层深厚、肥沃、排水性好的土壤种植。植前的一个季度整地，挖定植穴 50cm×50cm×40cm 为宜。整地时，表土和心土分别堆放，待坑穴挖好后，每个坑穴施腐熟农家肥 10kg 或有机肥 500～5000g，再回填表土。栽后浇足定根水，水下渗后树盘上覆盖塑料薄膜或木屑。栽植后定期对树木进行修剪，且在栽植后 1～3 年注意加强追肥。

槟榔青（咖喱啰）

Spondias pinnata （L. f.） Kurz

漆树科（*Anacardiaceae*）槟榔青属（*Spondias*）

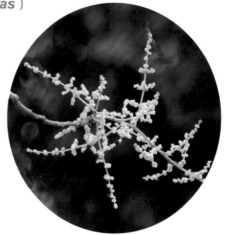

◢ **识别特征**

　　落叶乔木。叶互生，奇数羽状复叶长30～40cm，有小叶2～5对，叶轴和叶柄圆柱形，无毛，小叶对生，薄纸质，卵状长圆形或椭圆状长圆形，长7～12cm，宽4～5cm。圆锥花序顶生，长25～35cm，花小，白色。核果椭圆形或椭圆状卵形，成熟时黄褐色，长3.5～5cm，径2.5～3.5cm。

◆ **季相变化及物候**：花期3～4月，果期5～9月。

◆ **产地及分布**：原产我国云南南部、广西南部和广东、海南；分布于越南、柬埔寨、泰国、缅甸、马来西亚、斯里兰卡、印度、锡金、菲律宾和印度尼西亚（爪哇）。

◆ **生态习性**：生长适应性强，喜高温、高湿、阳光充足的环境，耐瘠薄，生长适温23～32℃，对土壤要求不严，但以深厚肥沃、排水良好的土壤条件下生长最好。

◆ **园林用途**：可孤植、丛植、列植，常作园景树和庭院树，屋旁绿化等。

◆ **观赏特性**：树冠开阔，是傣族非常喜欢庭院树；果实有一定的药用价值。

◆ **繁殖方法**：采取种子播种，应待秋季果实成熟后自落，即可用砂床播种育苗，当年出苗，翌年雨季可定植。若用枝条扦插，则在春季时剪其枝条用砂床扦插育，定期洒水保持湿度，极易成活。若用树茎栽培，应在雨季时取树茎直接栽培也极易成活。茎干直径为10～20cm 最好。只要水分充足，红砂土也能成活。

◆**种植技术：**土质以肥沃的砂质壤土为最佳，光照需充足。每年施肥 3、4 次。果后修剪整枝。性喜高温，生长适温为 23 ～ 32℃。

喜树

Camptotheca acuminat Decne.

蓝果树科（*Nyssaceae*）喜树属（*Camptotheca*）

识别特征

落叶乔木。叶互生，纸质，矩圆状卵形或矩圆状椭圆形，顶端短锐尖，基部近圆形或阔楔形，全缘，上面亮绿色，幼时脉上有短柔毛，其后无毛，下面淡绿色，疏生短柔毛。头状花序近球形，顶生或腋生，通常上部为雌花序，下部为雄花序；花瓣 5 枚，淡绿色。翅果矩圆形，两侧具窄翅，幼时绿色，干燥后黄褐色，着生成近球形的头状果序。

◆**季相变化及物候：**花期 5 ～ 7 月，果期 9 ～ 10 月。

◆**产地及分布：**分布我国云南、四川、贵州西南各省区及长江流域，在四川西部成都平原和江西东南部较常见。

◆**生态习性**：喜树喜湿润，较耐水湿，深根性树种，喜肥湿，不耐干瘠，在酸性、中性、弱碱性土上均能生长；喜树萌芽力强，萌芽更新能培育成林；抗病害性较强，病虫害较少。

◆**园林用途**：可以作为公园或庭院的观赏树或庭荫树，也宜作行道树。喜树对二氧化硫抗性较强，可改善环境、净化空气，是绿化、美化环境的优良树种。

◆**观赏特性**：喜树树干通直圆满，枝条平向外展，树冠呈倒卵形，枝叶繁茂，姿态优美，为我国阔叶树中的珍品之一，具有很高的观赏价值。

◆**繁殖方法**：常用种子繁殖。11月上中旬，当果实由绿变褐呈干燥状的时候采收种子，采后进行挑选、去杂，放在阴凉、通风处晾干，然后装入袋内，置于通风、干燥、阴凉处保存。3月下旬至4月中下旬是播种时间，为使种子发芽快、出苗齐，播种前对种子进行催芽，先用0.5%高锰酸钾溶液消毒1～2h，然后将种子漂洗干净，用40℃左右的温水浸种，浸泡12h。将种子取出与新鲜河沙（种子：沙=2:1）混合均匀进行催芽，注意保持湿润，并经常翻动，使种子受热均匀，待有80%的种子开始露白时播种。育苗要求土壤肥沃、湿润，水源充足或有水浇条件。育苗前要施足基肥并浇透水一遍，然后进行整地作床；采用条播或撒播。

◆**种植技术**：苗木应选择健壮无病虫害，苗高2m以上，根系完整的2年生以上壮苗。中耕除草一般每年2、3次。喜树主根发达、萌芽力强，幼林期间应抹芽修枝，为培养优良树型，通常用春季抹芽代替修枝。幼树修枝应采取轻修枝重留冠的修枝方法，修枝不能过度，修去下部侧枝。施化肥应与施有机肥相配合。苗期雨水过多或圃地排水不畅、土壤通气不良易发生根腐病，因此要注意要加强排水和松土除草，改善环境条件，加速苗木生长，增强抗病能力。黑斑病在苗期和幼林期较多。

第四部分

常绿小乔木

刺柏

Juniperus formosana Hayata

柏科（*Cupressaceae*）刺柏属（*Juniperus*）

识别特征

常绿乔木，树冠塔形或圆柱形；小枝下垂，三棱形。叶长 1.2～2cm，很少长达 3.2cm，宽 1.2～2mm，三叶轮生，条状披针形或条状刺形，顶端渐尖具锐尖头，上面稍凹，中脉微隆起，绿色，两侧各有 1 条白色、很少紫色或淡绿色的气孔带，气孔带较绿色边带稍宽，在叶的先端汇合为 1 条。球果近球形或宽卵圆形，长 6～10mm，径 6～9mm，熟时淡红褐色，被白粉或白粉脱落，间或顶部微张开。

◆ **季相变化及物候**：花期 4～5 月，果期 9～11 月。

◆ **产地及分布**：为我国特有树种，分布很广。产于台湾中央山脉、江苏南部、安徽南部、浙江、福建西部、江西、湖北西部、湖南南部、陕西南部、甘肃东部、青海东北部、西藏南部、四川、贵州、云南中部、北部及西北部有产。

◆ **生态习性**：喜光，耐寒，耐旱，对土壤要求不高，向阳山坡以及岩石缝隙处均可生长，在肥沃通透性土壤生长最好。

◆ **园林用途**：是城市绿化中最常见的植物。可孤植、丛植，带植。可植于花坛、花带、路旁，也可丛植于窗下、门旁，极具点缀效果，还可配植于草坪、花坛、山石，可增加绿化层次，丰富观赏美感，特别适宜于石生环境中生长。

◆ **观赏特性**：树姿优美，小枝细弱下垂；树干苍劲，针叶细密油绿；红棕色或橙褐色的球果经久不落，夏绿冬青，不遮光线，不碍视野。

◆ **繁殖方法**：嫁接繁殖。嫁接以侧柏为砧木，4～5 月靠接，8～9 月割离。接穗长 10～12cm，靠接切口应比一般嫁接略长、略深，才能愈合良好。砧木顶端在接后当年秋季或次春剪去。

◆ **种植技术**：宜选择在光照充足，土壤肥沃的土壤种植。一般在冬季或春天苗木还没有抽新梢前进

行定植，以雨水至春分期间为宜。种植前整地，清除杂草，挖定植穴。株行距1m×1m或1.5m×1.5m为宜，定植时尽量带土球，穴内土壤最好不干不湿时进行，这样所种下的苗木根部四周的土壤容易敲的紧密，并浇足定根水。定植后注意修剪，如果出现多头现象，可以将多余的芽、侧枝剪除，只留主芽生长，也可修剪成球状。

侧柏

Platycladus orientalis（L.）Franco

柏科（*Cupressaceae*）侧柏属（*Platycladus*）

识别特征

　　常绿乔木。生鳞叶的小枝细，向上直展或斜展，扁平，排成一平面。叶鳞形，长1～3mm，先端微钝，小枝中央的叶的露出部分呈倒卵状菱形或斜方形，背面中间有条状腺槽，两侧的叶船形，先端微内曲，背部有钝脊，尖头的下方有腺点。球果长1.5～2（2.5）cm，近卵圆形，成熟前近肉质，蓝绿色，被白粉，成熟后木质，开裂，红褐色。

◆ **季相变化及物候**：初春发芽，花期3～4月，果期9～10月。

◆ **产地及分布**：产于我国内蒙古南部、吉林、辽宁、河北、山西、山东、江苏、浙江、福建、安徽、江西、河南、陕西、甘肃、四川、贵州、湖北、湖南、广东北部及广西北部、云南等省区，西藏德庆、达孜等地有栽培。

◆ **生态习性**：喜光，幼时稍耐荫，耐高温，耐寒力中等，对土壤要求不高，在平地或悬崖峭壁上都能生长，喜生于湿润肥沃排水良好的土壤。

◆ **园林用途**：侧柏在园林中应用广泛，可用作行道树、庭院树、防风林树及风景林树，常作绿篱和大色块绿化。

◆ **观赏特性**：树形优美，枝叶翠绿，四季常青，是很好的四季绿化树种。

◆ **繁殖方法**：种子繁殖。应选20～30年生以上的健壮母树采种，球果采集后，晾晒至种鳞开裂取种，在一般室温条件下用布袋干藏。播种前用30～40℃温水浸种12h，捞出放在背风向阳的地方，每天用清水淘洗1次，并经常翻倒，当种子有一半裂嘴时即可播种。采用垄播或床播，每亩播种量10kg。播种后，保持苗床湿润，并适当控制浇水，防止鸟虫危害。

◆ **种植技术**：宜选择在光照充足，土壤肥沃的地方种植。种植前先整地，将育苗地上的杂灌木和草全部清除，然后挖定植穴。株行距以3m×1.5m或2m×1m为宜，定植穴规格以40cm×40cm×40cm为宜，苗木需带土种植，浇足定根水，之后每10～15天浇水一次。幼苗生长时期杂草繁茂，须及时除草，定植当年除草3次，以后每年2次，连续3～4年。主要病虫害有叶枯病，虫害有侧柏毒蛾、红蜘蛛、松梢小卷蛾、侧柏小蠹。侧柏小蠹的防治应及时采伐衰弱木、风倒木，迅速处理。在大量发生时，可设毒饵诱杀。

龙柏

Sabina chinensis （L.） Ant. ' Kaizuca'

柏科（*Cupressaceae*）圆柏属（*Sabina*）

> **识别特征**
>
> 　　常绿乔木，高可达 20m；树冠圆柱状或柱状塔形；枝条向上直展，常有扭转上升之势，小枝密、在枝端成近相等长的密簇。叶二型，有刺叶及鳞叶；刺叶生于幼树之上，老龄树则全变为鳞叶，壮龄树兼有刺叶与鳞叶；鳞叶排列紧密，幼嫩时淡黄绿色，后呈翠绿色，刺叶不具关节，三叶交互轮生，斜展，疏松，披针形，先端渐尖，上面微凹，有两条白粉带。雌雄异株，稀同株。球果近圆球形，蓝色，微被白粉，径 6 ～ 8mm，两年成熟，熟时暗褐色，被白粉或白粉脱落。

◆**季相变化及物候**：花期 3 ～ 4 月，果期次年 9 ～ 10 月。

◆**产地及分布**：产于我国内蒙古乌拉、河北、福建、陕西南部、甘肃南部、四川、湖北西部、广西北部、云南大部分地区；朝鲜、日本也有分布。各地亦多栽培，西藏也有栽培。

◆**生态习性**：喜阳，稍耐荫，喜温暖、湿润环境，抗寒。抗干旱，忌积水，排水不良时易产生落叶或生长不良。适生于干燥、肥沃、深厚的土壤。

◆**园林用途**：可用作庭院树，也可种植于公园中，宜作丛植、绿篱或行列栽植，亦可整修

成球形，或将小株栽成色块，尤其适合于烈士陵园及寺庙等处种植。

◆ **观赏特性**：树形奇特，如龙舞空，四季常青，给人肃穆庄重之感。

◆ **繁殖方法**：插繁殖或嫁接繁殖。扦插繁殖在雨季进行，选用龙柏侧枝上的正头为插穗，长

度 15cm 左右，去除插穗下部的叶片，插后立即浇透水，此后每天早晚各喷雾 1 次；光照强时应适当遮阴，中午气温高时应适当开棚通风，约 50 天后可生根。嫁接繁殖时间以 3 月中下旬为宜。选择长势健壮的 2～3 年生侧柏小苗为砧木，生长健壮、无病虫害的母株枝条为接穗，尽量选择侧枝上的正头。接穗长 6～10cm，将下部枝段 3～4cm 上的叶片去除；将接穗削成楔形，插入砧木时将二者的形成层对齐，然后绑紧接合部；接好后，立即用塑料袋罩住接穗，待接穗顶芽萌发后即可解除塑料袋，进入正常管理。

◆ **种植技术**：宜选择在光照充足，土壤肥沃的地方种植。施足基肥，株行距以 2m×2m 为宜，定植穴规格以 50cm×50cm×40cm 为宜，栽后应立即浇一遍透水，根据天气情况，一周左右再浇第二遍透水。浇水后松土不要过深以免伤及根系。培养球形的龙柏，一年修剪顶芽 3、4 次；养大球和造型的，适当摘除侧枝顶芽，以防树枝开张角度太大，树形疏散，影响观赏效果。龙柏害虫主要有红蜘蛛、布袋蛾，龙柏病害主要有枯梢病、桧柏锈病。

罗汉松

Podocarpus macrophyllus（Thunb.）D. Don

罗汉松科（*Podocarpaceae*）**罗汉松属**（*Podocarpus*）

识别特征

常绿乔木。枝开展或斜展，较密。叶螺旋状着生，条状披针形，微弯，中脉显著隆起，雄球花穗状，腋生，基部数枚三角状苞片；雌球花单生叶腋，有梗，基部有少数苞片。种子卵圆形，先端圆，熟时肉质假种皮紫黑色，有白粉，种托肉质圆柱形，初为深红色，后变紫红色。

◆ **季相变化及物候**：花期 4 月，种子 10 月成熟。

◆ **产地及分布**：产于我国四川、贵州、广西及云南等省；日本也有分布。

◆ **生态习性**：喜光，耐半阴。喜温暖湿润的环境，耐寒力较弱、耐修剪；喜排水良好湿润之砂质壤土，对土壤适应性强，盐碱土上亦能生存；对二氧化硫、硫化氢、氧化氮等多种污染气体抗性较强；抗病虫害能力强。

◆ **园林用途**：可以采用列植、对植、片植、丛植等形式，也可以与其他阔叶树种混交种植。也可对其进行整形，如修剪成塔形或球形。可做庭荫树或绿篱。

◆ **观赏特性**：树干通直，树形端庄，叶色浓绿有光泽，侧枝稍下垂。种子和种托奇特，如披袈裟的罗汉，惹人喜爱。

◆ **繁殖方法**：常用种子繁殖。罗汉松种子不宜长期保存，应采后即播，或层积沙藏于冷凉处，翌年 3 月份播种。播前先将地刨松、耙平、塌实、灌水。待水渗下去后，撒上种子，采后先将种子浸水 4 ～ 5 天，待其充分吸水膨胀后，按行距 20cm、株距 10cm 播种。覆细土厚度 1 ～ 2cm。播后盖草保湿，保持苗床湿润，搭棚遮阴。幼苗 8 ～ 10 天即可出土，出土后除去盖草立即遮阴，切勿暴晒。出苗后中耕除草，冬季注意防冻，一年后可分栽。

◆ **种植技术**：选半阴、湿润的环境和疏松肥沃，排水良好的偏酸性土壤。移植以春季 3 月最适宜。移植时小苗需带宿土，大苗需带土球。罗汉松夏季晴天时一般要在早晚各浇一次水，另外

还要经常喷叶面水，使叶色鲜绿，生长良好。夏季雨水比较多，罗汉松不耐涝，要注意防止长时间积水。喜肥，应薄肥勤施，肥料以氮肥为主，可加入适量黑矾，沤制成矾肥水。生长期可1～2个月施肥一次，施肥可结合浇水同时进行（水肥比例为9:1）。成片大面积种植的可采用半园状沟施法，每次施速溶性复合肥300～500g。病虫害发生较少，但夏季高温干燥季节要注意防治红蜘蛛，被害叶片正面呈现许多粉绿色，后变灰白色小斑点，失去固有的光泽，严重时全叶灰白色。

苦梓含笑（绿楠、八角苦梓、春花苦梓、八围含笑）

Michelia balansae （A. DC.） Dandy

木兰科（ *Magnoliaceae* ）**含笑属**（ *Michelia* ）

识别特征

常绿乔木，高达10m，胸径达60cm；树皮平滑，灰色或灰褐色；芽、嫩枝、叶柄、叶背、花蕾及花梗均密被褐色绒毛。叶厚革质，长圆状椭圆形，或倒卵状椭圆形，长10～28cm，宽5～12cm，先端急短尖，基部阔楔形，上面近无毛，下面叶脉明显凸起，具褐色绒毛；侧脉每边12～15条，末端向上弯拱环结；叶柄长1.5～4cm，无托叶痕，基部膨大。花芳香，花被片白色带淡绿色，6片，倒卵状椭圆形，长3.5～3.7cm，宽1.3～1.5cm，最内1片较狭小，倒披针形；雄蕊长1～1.5cm，花药长0.8～1cm，药隔伸出成短尖头；雌蕊群卵圆形；雌蕊群柄长4～6mm，被黄褐色绒毛。聚合果长7～12cm，柄长4.5～7cm；蓇葖椭圆状卵圆形，倒卵圆形或圆柱形，长2～6cm，宽1.2～1.5cm，顶端具向外弯的喙，喙长3～5mm；种子近椭圆体形，长1～1.5cm，一端或两端平，外种皮鲜红色，内种皮褐色。花期4～7月，果期8～10月。

◆**季相变化及物候**：花期4～7月，果期8～10月。

◆**产地及分布**：产我国富宁、麻栗坡、西畴、屏边、景洪等地，海南、福建、广东、广西、贵州都有；越南有分布。生于海拔350～1000m的山坡、溪旁、山谷密林中。

◆**生态习性**：喜温暖、湿润的环境；忌水涝，不耐寒；幼苗较耐阴，成年植株喜充足光照。对土壤适应性，但喜肥沃、疏松和排水良好的酸性土壤。

◆**观赏特性**：终年常绿，树形美观，树姿挺拔，枝叶繁茂，叶色亮丽，花白色略显淡绿色，芳香，果形奇特而颜色艳丽。

◆**园林用途**：可应用于庭院、公园绿地、道路绿地作园景树、行道树、庭荫树等，也可作风景林种植。

◆**繁殖方法**：播种、扦插或压条繁殖均可。1、播种：采即播或砂藏到翌年2月下旬至3月上旬播种。苗床宜用排水良好的砂质壤土。播后，用泥炭土覆盖，置放阴处，约经1个月时间即可出苗。2、扦插：扦插时间以雨季。选当年生半木质化枝梢，长8～12cm，剪去下部叶片，200ppm的吲哚丁酸浸泡插条的基部15min，稍晾干插入经消毒处理的泥炭或净河砂作基质的苗床内，插后透光30%左右，保湿，如能用可加速发根和提高成活率。3、压条法，同白兰。

◆**种植技术**：栽培宜选排水良好处或起高畦。培植过程中应定期断根促进侧根发育。大树移植宜在半年前做断根处理。春至夏季每2～3个月施肥1次，以有机肥为佳，或酌施氮、磷、钾复合肥。

天竺桂（竺香、山肉桂）

Cinnamomum japonicum Sieb.

樟科（*Lauraceae*）樟属（*Cinnamomum*）

识别特征

常绿乔木，具香气。叶近对生或在枝条上部互生，革质，卵状长圆形或长圆状披针形，长 7～10cm，宽 3～3.5cm，先端尖或渐尖，基部宽楔形或近圆，离基三出脉。圆锥花序腋生，长 3～4.5cm，总梗长 1.5～3cm。果长圆形，长 7mm，宽达 5mm，无毛，果托浅杯状，顶部极开张，边缘全缘或具浅圆齿。

◆季相变化及物候：花期 4～5 月，果期 7～9 月。

◆产地及分布：我国产江苏、浙江、河南、安徽、湖北、江西、福建及台湾等地。生于低山或近海的常绿阔叶林中，海拔 300～1000m 或以下。分布于朝鲜、日本。

◆生态习性：为中性树种，幼年期耐阴；喜温暖湿润气候，在排水良好的微酸性土壤上生长最好，中性土壤亦能适应，在排水不良之处不宜种植；对二氧化硫抗性强。

◆园林用途：可作行道树、庭荫树、园景树、防护林树；宜列植于道路旁，孤植或丛植于庭院、公园或单位小区，也宜作厂矿区绿化树种。

◆观赏特性：树干端直，四季常青，枝叶繁茂，入冬黑果满树，颇具观赏价值。

◆繁殖方法：以种子繁育为主。秋季果熟时及时采种，去杂洗净阴干后，湿沙分层贮藏。早春三月播种，播后 1 个月出土，苗期需架设荫棚。

◆**种植技术**：宜选择土壤肥沃、疏松、湿润、排水良好的地块种植。幼苗出土后宜盖荫棚，1～2年后可移栽种植，可先在离地5～10cm处切断，保持完整根系、种植时切面应与地平。移栽应在阴天小雨时进行，整地时，可加入适量的腐熟农家肥与土拌匀；生长旺盛季节每半月施肥，以氮肥为主，秋季施肥以复合肥为主。种后应注意养护管理，切忌打枝或损伤树皮，并注意预防病虫害。

香叶树（红油果）

Lindera communis Hemsl.

樟科（*Lauraceae*）山胡椒属（*Lindera*）

识别特征

常绿乔木。叶长（3）4～9（12.5）cm，宽（1）1.5～3（4.5）cm，单叶互生，通常披针形、卵形或椭圆形，顶端渐尖、急尖、骤尖或有时近尾尖，基部宽楔形或近圆形；薄革质至厚革质，下面灰绿或浅黄色，边缘内卷；羽状脉。伞形花序具5～8朵花。浆果状核果卵形，长约1cm，宽7～8mm，也有时略小而近球形，无毛，成熟时红色；果梗长4～7mm，被黄褐色微柔毛。

◆ **季相变化及物候**：花期3～4月，果期9～10月。

◆ **产地及分布**：产我国陕西、甘肃、湖南、湖北、江西、浙江、福建、台湾、广东、广西、云南（滇中、滇东南及滇西南地区）、贵州、四川等；中南半岛也有分布。

◆ **生态习性**：喜光，耐阴，适应性较强，喜温暖气候，对土壤要求不严，但在湿润的酸性土壤中生长更好。

◆ **园林用途**：可用作庭院树和公园观赏树，可孤植、列植、丛植于庭园、广场、公园及住宅区。

◆ **观赏特性**：树冠圆整，枝叶稠密秀丽，四季常青，果熟时叶绿果红，颇为美观，是良好的观赏树种。

◆ **繁殖方法**：种子繁殖。核果由绿色变为红色时选择15年生以上的母株采果，采回的果实置于室内堆沤2～3天，待果肉充分软化后放入水中揉搓淘洗，除去皮肉和杂质，取出果核，再用草木灰进行脱脂。1天后再进行搓洗得到种子。香叶树种子不耐贮藏，以随采随播为宜，也可低温层积沙藏至次年春播。

◆ **种植技术**：宜选择光照充足，土层深厚、肥沃湿润的酸性土壤中种植。种植前整地，清除杂草，挖定植穴定规格以40cm×40cm×40cm为宜，穴底施基肥，回土。定植后浇足定根水，定期除草松土，修剪枝叶，并加强水肥管理。

番木瓜

Carica papaya L.

番木瓜科（*Caricaceae*）番木瓜属（*Carica*）

识别特征

  常绿乔木，具乳汁。叶直径可达60cm，近盾形，聚生于茎顶端，通常5～9深裂，每裂片再为羽状分裂；叶柄中空，长达60～100cm。花单性或两性，有些品种在雄株上偶尔产生两性花或雌花，并结成果实。浆果肉质，长10～30cm或更长，长圆球形，倒卵状长圆球形，梨形或近圆球形，成熟时橙黄色或黄色，果肉柔软多汁，味香甜。

◆**季相变化及物候**：花果期全年。

◆**产地及分布**：原产热带美洲；我国福建南部、台湾、广东、广西、云南（滇西南和滇南地区）等省区已广泛栽培。

◆**生态习性**：喜光，不耐寒，喜高温多湿气候，对土壤适应性较强，但忌积水，以疏松肥沃的土壤为好。

◆**园林用途**：可用作庭院观赏树、园景树，孤植、散植于庭院角落，或与其他树种结合丛植。

◆**观赏特性**：树干通直，叶大而奇特呈放射状平展，花小而白，在绿色的枝叶衬托下显得清新淡雅，果大而有形，多颗悬于树干上，形成新奇的绿化景观，是很好的观叶、观花、观果树种。

◆**繁殖方法**：种子繁殖。春播、秋播、冬播均可，播种前用温水浸种24h，再播在苗床上。出苗后再培育50～80天即可移栽。

◆**种植技术**：宜选择光照充足，肥沃、疏松、排水良好、土层深厚的地方种植。定植后

10～15 天开始薄施促生肥，以后每隔 10～15 天施肥 1 次，以速效氮肥为主；定植后 45～50 天施重肥，供花芽形成需要，仍以氮肥为主，适当增施磷、钾肥。定植后 2～3 个月内应进行中耕除草，且每隔一段时间适当培土，并适当浇水，每月 1、2 次。

茶梨

Anneslea fragrans Wall.

山茶科（*Theaceae*）茶梨属（*Anneslea*）

识别特征

　　常绿小乔木或灌木状，高约 15m。树皮黑褐色；小枝灰白色或灰褐色，叶通常聚生在嫩枝近顶端，呈假轮生状；叶长圆状椭圆形至狭椭圆形，顶端短渐尖，基部楔形或阔楔形，边全缘或具稀疏浅钝齿，稍反卷，上面深色，有光泽，下面绿白色，密被红褐色腺点，中脉在上面稍凹下，下面隆起，侧脉 10～12 对，上面稍明显，下面不甚明显；叶柄长 2～3cm。花数朵至 10 多朵螺旋状聚生于枝端或叶腋，花梗长 3～5（7）cm；苞片 2，萼片 5，质厚，淡红色，阔卵形或近于圆形，长 1～1.5cm，顶端略尖或近圆形，无毛，边缘在最外 1 片常具腺点或齿裂状，其余的近全缘；花瓣 5，基部连合，裂片 5，阔卵形；雄蕊 30～40 枚；子房半下位。果实浆果状，革质；种子每室 1～3 个，具红色假种皮。

◆ **季相变化及物候**：花期12月～翌年3月，果期4～7月。

◆ **产地及分布**：分布于我国云南、福建、台湾、海南、广东、广西、贵州等省区。

◆ **生态习性**：耐干旱，耐贫瘠，喜排水良好、灌溉方便、深厚肥沃湿润的土壤。

◆ **园林用途**：宜列植作行道树，孤植或群植于庭院、公园中，作庭院树、公园观赏树。

◆ **观赏特性**：树冠为宝塔形，树冠枝叶密茂，树姿优美，春发嫩叶鲜红色，点缀于老叶丛中，红绿相间，甚为美观，是观赏价值很高的园林绿化树种。

◆ **繁殖方法**：播种繁殖。茶梨果实4～7月成熟，采集、晾晒、浸泡、去杂、湿沙贮藏。翌年春播种前用0.5%的高锰酸钾溶液消毒30min，再用清水洗干净后条播，行距20～25cm，播种沟深4～5cm，沟内垫土厚2～3cm再将种子均匀播入沟内，盖种厚度以不见种子为度，覆盖草保湿。

◆ **种植技术**：苗期适当遮阴则苗木生长迅速，及时中耕除草，茶梨喜深厚肥沃的土壤，因此需及时中耕除草，保持土壤疏松，注意排水，防止烂根。勤施肥，茶梨须根发达，叶片多，需要大量的肥料，生长期间需施肥。病害较少，偶见根腐病和日灼，根腐为高温高湿，防治方法是排除渍水，并用质量分数1%的青矾溶液淋筼，15min后用清水洗苗。日灼应通过及时遮阴预防。虫害有地老虎和金龟子幼虫，可用质量分数0.125%的氧化乐果防治或早、傍晚人工捕捉。

长核果茶（长果核果茶）

Pyrenaria oblongicarpa Chang

山茶科（*Theaceae*）核果茶属（*Pyrenaria*）

识别特征

　　常绿小乔木。嫩枝有茸毛。叶革质，倒卵形，长 15～24cm，宽 8～20cm，先端急锐尖，基部窄圆稍呈心形，上面橄榄绿色，发亮，背面淡绿色，沿中脉密被开展柔毛，中脉在叶面凹陷，背面极隆起，侧脉 10～15 对，在叶面平而清晰，背面显著突起，网脉两面清晰或略突；叶柄短粗，长约 5mm，被绒毛。花单生上部叶腋，径约 4cm；约 4cm；近无梗；小苞片和萼片多数（约 15 枚），阔卵形，自外向内逐渐大，长 2～5mm，宽 2～8mm，外面被灰色绢毛，边缘膜质无毛，宿存；花瓣 5，倒卵形，长约 2cm，宽约 1.5cm，背面中部有绢毛；雄蕊多数，长约 1.5cm，无毛，外轮花丝基部与花瓣贴生；子房卵形，长约 3mm，被绒毛，花柱离生，5 条，长约 1cm，被柔毛。果长卵形或卵形，长约 7cm，径 4～5cm，顶端 5 裂，外面具纵向 5 浅沟，外果皮木质，厚约 5mm，5 室，每室具种子 2 颗；种子长圆形，多少压扁，长约 2cm，宽约 8mm，棕褐色，有光泽。

◆**季相变化及物候**：花期 3～4 月，果期 6～11 月。

◆**产地及分布**：产我国云南南部河口、马关、屏边等地区；生于海拔 700～900m 的常绿阔叶林中；越南，缅甸也有分布。

◆**生态习性**：中性植物，喜半荫环境；喜温暖湿润气候条件，稍耐寒，喜肥沃疏松、排水良好的酸性土壤，忌涝。

◆**园林用途**：适用于公园绿地、庭院、单位、小区等种植，栽植于半荫处，如墙隅、山石前、疏林下等，孤植、列植、对植、丛植、群植均可。

◆**观赏特性**：枝繁叶茂，叶片大、橄榄绿色，发亮，花果大，花白色或白黄色，嫩叶典雅的紫色，可观花、观果、观叶，是优良的乡土的庭院观赏植物。

◆**繁殖方法**：播种或扦插繁殖。具体尚未见报道。

◆**种植技术**：尚未见报道。

番石榴

Psidium guajava L.

桃金娘科（*Myrtaceae*）**番石榴属**（*Psidium*）

—**识别特征**—

　　常绿乔木。嫩枝有棱，被毛。叶长 6～12cm，宽 3.5～6cm，单叶对生，革质，长圆形至椭圆形，顶端急尖或钝，基部近于圆形。花单生或 2～3 朵排成聚伞花序；花瓣长 1～1.4cm，白色。浆果球形、卵圆形或梨形，长 3～8cm，顶端有宿存萼片，果肉白色及黄色。

◆**季相变化及物候**：花每年开两次，第一次 4～5 月，第二次 8～9 月，果在花后 2～3 个月成熟。

◆**产地及分布**：原产南美洲；我国华南各地栽培，云南省滇南地区有栽培。

◆**生态习性**：喜光，喜热带气候，耐旱耐湿，怕霜冻，温度在 -2～-1℃是幼树即会冻死，对土壤要求不严，但在排水良好的粘壤土中生长更好。

◆**园林用途**：可用作庭荫树、园景树和风景林树，在园林中可散植、丛植，更宜在风景区中配植。

◆**观赏特性**：树形优美，成年大树树冠如伞，枝叶繁茂，遮阴效果好，花芳香，果实累累，色彩艳丽，是良好的观形、观花、观果树种。

◆**繁殖方法**：可种子繁殖，也可扦插繁殖。种子繁殖可在果熟时选取生长健壮的母株采果，采来的果实堆放一边，沤熟后捣烂取种，在清水中洗净，放置于通风处阴干。种子宜随采随播，撒播或条播皆可。扦插繁殖可在每年的2～4月进行，剪取健壮充实枝条，长约30cm，插入土中，深度为枝长的一半，注意保持土壤湿润，第二年清明前即可定植。

◆**种植技术**：宜选择光照充足，土层深厚、疏松、排水性好的粘性土壤中种植。种植前先整地，将育苗地上的杂灌木和草全部清除，然后挖定植穴。株行距以2.5m×3m为宜，定植穴规格以60cm×60cm×60cm为宜。每个定植穴内放杂草、稻草和猪牛粪肥，与表土混合让其腐熟，或每个穴中施0.5kg钙镁磷肥作基肥。定植后需浇足定根水，并做好养护管理。定植当年，每隔2～3个月施一次稀薄人粪尿，全年4、5次，每次每株用量0.2kg左右，第2年增至0.4kg。

蒲桃

Syzygium jambos（L.）Alston

桃金娘科（*Myrtaceae*）蒲桃属（*Syzygium*）

> **识别特征**
>
> 常绿乔木。叶长 12～25cm，宽 3～4.5cm，单叶对生，革质，披针形或长圆形，顶端长渐尖，基部阔楔形，叶面多透明细小腺点，侧脉以 45°开角斜向上，靠近边缘 2mm 处相结合成边脉。聚伞花序顶生，有花数朵；花白色，直径 3～4cm。核果状浆果球形，果皮肉质，直径 3～5cm，成熟时黄色，有油腺点。

◆ **季相变化及物候**：花期 3～4 月，果期 5～6 月。

◆ **产地及分布**：产我国台湾、福建、广东、广西、贵州、云南（滇南地区）等省区；中南半岛、马来西亚、印度尼西亚等地也有分布。

◆ **生态习性**：喜光，稍耐阴，耐湿，喜暖热气候，喜土层深厚，肥沃湿润的酸性土壤。

◆ **园林用途**：可用作庭荫树，园景树丛植于广场、草地作遮阴树，也可散植于水边。

◆ **观赏特性**：树冠丰满浓郁，叶色光亮，四季常青，花期绿叶白花，十分美丽，果熟时期散发出阵阵特殊的玫瑰香气，是良好的观花观果树种。

◆ **繁殖方法**：种子繁殖。当果皮颜色变为黄白色或杏黄色时开始采集果实，采来后取种，宜随采随播。

◆ **种植技术**：宜选择光照充足，土层深厚、肥沃湿润的酸性土壤中种植。种植前整地，清除杂草，挖定植穴规格以 40cm×40cm×50cm 为宜。定植前 1 个月每个定植穴施 20kg

腐熟有机杂肥，0.5kg过磷酸钙，与土拌匀后回土。定植后浇足定根水，根部盖草保持土壤湿润。蒲桃病虫害较少，按一般果树的防治方法进行即可。

红花玉蕊（玉蕊水茄苳）

Barringtonia racemosa（L.）Spreng.

玉蕊科（*Lecythidaceae*）玉蕊属（*Barringtonia*）

识别特征

常绿小乔木，高可达20m。小枝干燥时灰褐色。叶常丛生枝顶，有短柄，纸质，倒卵形至倒卵状椭圆形或倒卵状矩圆形，长12～30cm或更长，宽4～10cm，顶端短尖至渐尖，基部钝形，常微心形，边缘有圆齿状小锯齿；侧脉10～15对，稍粗大，两面凸起，网脉清晰。总状花序顶生，稀在老枝上侧生，下垂，长达70cm或更长，总梗直径2～5mm；花疏生，花梗长约0.5～1.5cm；苞片小而早落；萼2～4片，椭圆形至近圆形，长0.7～1.3cm；花瓣4，椭圆形至卵状披针形，长1.5～2.5cm；雄蕊通常6轮，最内轮为不育雄蕊，发育雄蕊花丝长3～4.5cm左右；子房常3、4室，隔膜完全，胚珠每室2～3颗。果实卵圆形，长5～7cm，直径2～4.5cm，微具4钝棱，果皮厚3～12mm，稍肉质，内含网状交织纤维束；种子卵形，长2～4cm。

◆季相变化及物候：花期、果期几乎全年。

◆产地及分布：产我国台湾广东、海南岛，生滨海地区林中；广布于非洲、亚洲和大洋洲的热带、亚热带地区。

◆**生态习性**：玉蕊对气候、土壤有较强的适应能力，但喜土层深厚富含腐殖质的砂质土壤，也具较高的耐旱和耐涝能力。我国南北各地均可栽培，且生长良好，生长较为迅速。

◆**园林用途**：培育成乔木，亦可作灌木栽植，还可栽成桩景，适于在庭院、公园绿地、单位小区作园景树，适于孤植、对植、丛植。

◆**观赏特性**：树形紧凑，树姿优美，花朵红色清丽，且具芳香，春末夏初盛花，花期长达半月之久，秋季鲜蓝色的累累果实观赏价值独特。

◆**繁殖方法**：播种、高压或扦插繁殖。果实成熟时随采随播。种子、培养基质及培养器具消毒，播于砂床，种子不耐干旱，但耐水涝，遮阴，保持基质充分湿润，出苗时间一般不超过一个月。扦插采用半木质化枝条，除去部分叶片插于泥炭中，生根率90%。高压繁殖宜选用前1年生或当年生且已木栓化的枝条，宜在8月份以前进行。

◆**栽培技术**：尚未见报道。

竹节树

Carallia brachiata（Lour.）Merr.

红树科（*Rhizophoraceae*）竹节树属（*Carallia*）

识别特征

常绿乔木。叶形变化很大，矩圆形、椭圆形至倒披针形或近圆形，顶端短渐尖或钝尖，基部楔形，全缘，稀具锯齿；叶柄粗而扁。花序腋生，花小；花瓣白色。果实近球形，顶端冠以短三角形萼齿。

◆ **季相变化及物候**：花期 8 月至翌年 2 月，果期 11 月至翌年 3 月。

◆ **产地及分布**：产我国广东、广西及沿海岛屿和云南南部和西南部；分布马达加斯加、斯里兰卡、印度、缅甸、泰国、越南、马来西亚至澳大利亚北部。

◆ **生态习性**：喜光，生长较慢，偏阳性，对土壤要求不高，在岩石裸露的溪傍也能生长正常。

◆ **园林用途**：可用作行道树庭院观赏树，孤植于公园草地和附属绿地中。

◆ **观赏特性**：树形优美，枝叶翠绿，宛如一把巨型绿伞，果红色，观赏效果很好。

◆ **繁殖方法**：常用种子繁殖。果实呈浅红色时，即可采集，采回的果实应及时除去果皮和果肉，将种子洗净风干，春季播种，播种可用条播和撒播，条播行距 20 ～ 25cm，每条大约 10 粒 。种子播后 15 ～ 20 天发芽出土，苗高 8 ～ 10cm 后进行间苗，留苗株行距 20cm ～ 25cm。

◆**种植技术**：宜选择在土层深厚、肥沃，空气湿度大，光照充足的地方种植。种植前先整地，将育苗地上的杂灌木和草全部清除，然后挖定植穴。挖穴规格 30cm×30cm×35cm，栽植 1 个月后苗木生长开始生长，即可施肥，每年施肥 1、2 次。勤浇水，每天早、中、晚用喷雾各喷水一次。5～6 年植株就开始开花结实，7～8 年可大量结实。

水石榕

Elaeocarpus hainanensis Oliver

杜英科（*Elaeocarpaceae*）**杜英属**（*Elaeocarpus*）

识别特征

常绿小乔木。叶革质，狭窄倒披针形，长 7～15cm，宽 1.5～3cm，先端尖，基部楔形，侧脉 14～16 对，在上面明显，在下面突起，网脉在下面稍突起，边缘密生小钝齿，叶柄基部膨大。总状花序生当年枝的叶腋内；花较大，直径 3～4cm；花瓣白色。核果纺锤形，两端尖；内果皮坚骨质，表面有浅沟，腹缝线 2 条。

◆**季相变化及物候**：花期 5～7 月，果期 7～11 月。

◆**产地及分布**：原产于我国海南、广西南部及云南东南部；在越南、泰国也有分布。

◆**生态习性**：喜半阴，喜高温多湿气候，深根性，抗风力较强，不耐寒，不耐干旱，喜湿但不耐积水。土质以肥沃富含有机质的壤土为佳。

◆**园林用途**：适宜作园景树，可孤植、丛植、群植于水边、草坪、坡地、林缘、庭前、路口，也可作为其他花木的背景树配置。

◆**观赏特性**：枝叶婆娑，树姿优美，花朵洁白雅致芳香，花果繁多悬垂，与枝叶相映成趣，老叶在冬季变红色点缀其间，颇具美感。

◆**繁殖方法**：播种繁殖。种子采后即播可提高发芽率。穴盆播种可以根据实际情况每穴播 1 粒或多粒。播种深度为种子直径的 2～3 倍。播种后或者覆盖后，细雾喷头喷水，浇透，让种子与基质和覆盖材料充分接触。扦插繁殖：选择生长健壮没有病虫害的枝条作插穗。嫩枝插的插穗采后应立即扦插，以防萎蔫影响成活。在切口处沾一些刚烧出的草木灰，具防腐作用。插条保持 20～25 ℃生根最快。温度过低生根慢，过高则易引起插穗切口腐烂。扦插后注意使扦插基质保持湿润状态，可用覆盖塑料薄膜覆盖保持湿度，并隔天通气。

◆**种植技术**：定植的土壤施足农家肥，浇足定植水。待花苗缓苗结束后，正常生长一周左右，需再次蹲苗。蹲苗结束后，可进行追浇水肥。以后视情形进行浇水追肥。

苹婆（凤眼果、七姐果）

Sterculia nobilis Smith

杜英科（*Elaeocarpaceae*）杜英属（*Elaeocarpus*）

识别特征

常绿乔木。叶薄革质，长圆形或椭圆形，长8～25cm，宽5～15cm，顶端急尖或钝，基部浑圆或钝，两面均无毛，全缘；托叶早落。圆锥花序顶生或腋生，长达20cm，有短柔毛，花梗较长；花萼乳白色至淡红色。蓇葖果鲜红色，厚革质，长圆状卵形，长约5cm，宽2～3cm，顶端有喙。

◆**季相变化及物候**：花期4～5月，少数植物10～11月二次开花；果期9～10月。

◆**产地及分布**：分布于印度、越南、印度尼西亚等地，多为人工栽培；我国分布于广东、广西的南部、福建东南部、台湾、海南和云南南部。

◆**生态习性**：苹婆性喜阳光，耐荫；喜温暖湿润气候；对土壤要求不严，喜生于排水良好的肥沃的土壤，虽然在瘠薄及砂砾土中均能生长良好，但以排水良好、土层深厚的砂质壤土最佳。

◆**园林用途**：树冠宽阔浓密，可作行道树、庭荫树、园景树；宜列植于道路旁，孤植或散植于庭院、公园、单位小区中。

◆**观赏特性**：树姿优美，叶大碧绿，花灯笼状，蓇葖果鲜红，颇具观赏价值。

◆**繁殖方法**：可用播种、扦插、高压嫁接等方法，也可利用其根蘖苗繁殖，多采用扦插法，简单易操作，且生长迅速。可于春、秋两季剪取当年生半木质化枝条，或二、三年生的本质化枝条，甚至老枝均可扦插成活。扦插枝条剪成长约1.2～1.5m，扦插入土约0.3m；在材料较少的情况下，也可剪成20～30cm，只要保持好空气及土壤的湿度，约1个月即可发根。

◆**种植技术**：宜选择排水良好、土层深厚的砂质壤土种植。以春季定植为宜，挖穴大小为80cm×80cm×60cm，以有机质肥料为主，结合少量化肥，施下基肥，以促进苗木早生快发。幼龄树一般年施肥 4～6 次，每 2～3 个月一次，有机肥或化肥均可。成年结果树需要较多营养，为防止树势衰弱，年施肥 2 次以上；即在冬末春初施一次，以有机肥为主，每株施用 15～20kg 有机质粪肥，第 2 次于 8～9 月采果后施一次果后肥，以化肥为主，每株施用 0.5～1kg，散施于植物根圈内。苹婆树耐涝不耐旱，在花期和幼果期若遇到干旱天气，应给树冠喷洒水分，增加空气湿度，以利于开花和着果。适当修枝整形，以利于树冠内部通风透光，在采果后疏剪去部分蜜生枝、弱枝和病枯枝；也可在夏、秋季刻伤枝干，促成春季开花。

木奶果（三丫果）

Baccaurea ramilflora Lour.

大戟科（*Euphorbiaceae*）木奶果属（*Baccaurea*）

识别特征

　　常绿乔木。叶片纸质，倒卵状长圆形、倒披针形或长圆形，长9～15cm，宽3～8cm，顶端短渐尖至急尖，基部楔形，全缘或浅波状，两面均无毛；侧脉每边5～7条；叶柄长1～4.5cm。花小，雌雄异株，无花瓣；总状圆锥花序腋生或茎生，被疏短柔毛，雄花序长达15cm，雌花序长达30cm。浆果状蒴果卵状或近圆球状，长2～2.5cm，直径1.5～2cm，黄色后变紫红色，不开裂。

◆ **季相变化及物候**：花期3～4月，果期7月左右。

◆ **产地及分布**：原产于我国广东、海南、广西和云南；分布于印度、缅甸、泰国、越南、老挝、柬埔寨和马来西亚等。

◆ **生态习性**：属阳性树种，喜光，耐水湿，不耐寒，生长快，对土壤要求较不严格，一般肥力中等土壤均能生长，但以土层深厚、肥沃、排水良好的地方种植最好。

◆**园林用途**：常被用于作园景树，适于庭院、单位小区、公园等广泛应用。

◆**观赏特性**：木奶果四季常绿、树形优美、高矮适中，果实丰硕，果生于老茎、成熟时红艳艳的果实灌满树干，奇异漂亮、趣味性和观赏性极强，是园林造景中果干同赏的理想选材，孤植、丛植、群体种植观赏效果均好。

◆**繁殖方法**：播种繁殖应随采随播、除去果皮及果肉直播于砂质苗床中，保持湿润，约10天后即可发芽，出芽率高达84%～96%，高位压条繁殖可选择1～2年生半要质化的健壮枝条，基部环状剥皮至木质部、剥口宽1～2cm、略晾干后涂抹少量生根剂、内用湿润的泥炭（蛭石、农糠灰）包裹、外用塑料布捆绑固定、约35天出现愈伤组织、40天生根、60天即可剪下定植。

◆**种植技术**：宜选择土层深厚、肥沃、排水良好的地方种植。移栽木奶果一般在春季进行；一般夏季杂草生长茂盛，在除杂草时应入土10cm，同时起到疏松土壤，保水保肥的作用；病虫害防治：一般病虫害主要有、枝枯病、枯萎病、天牛类、刺蛾类的病虫害，一般可以采用预防为主，结合药剂防治。

白树

Suregada glomerulata （Bl.） Baill.

大戟科（*Euphorbiaceae*）白树属（*Suregada*）

识别特征

　　常绿小乔木，高可达13m；枝条灰黄色至灰褐色，无毛。叶片薄纸质，倒卵状椭圆形至倒卵状披针形，长8～18cm，先端短尖或短渐尖，基部楔形或阔楔形，全缘，两面无毛；侧脉每边5～8条；聚伞花序与叶对生，花梗和萼片具微柔毛或近无毛，花直径3～5mm，浅黄色；萼片近圆形，边缘具浅齿；雄蕊多数；雌花花盘环状，子房近球形，无毛，花柱3枚，平展，2深裂，裂片再2浅裂。蒴果近球形，有3浅纵沟，直径约1cm，成熟后完全开裂，具宿存萼片。

◆ **季相变化及物候**：花期3～5月，果期6～8月。

◆ **产地及分布**：产于我国广东南部、海南、广西南部和云南南部，生于平地或丘陵地，河边疏林或林缘灌木丛中；亚洲东南部各国、大洋洲（澳大利亚北部）也有分布。

◆ **生态习性**：阳性植物，喜光，稍耐荫，喜肥沃、湿润土壤，稍耐寒。

◆ **园林用途**：宜作园景树，叶、果均可观赏，可孤植、对植、丛植或群植于公园绿地、庭院、道路、工厂中应用。

◆ **观赏特性**：终年常绿，枝繁叶茂，株形紧凑，自然形成圆整树冠，叶片亮绿夏季里，橘黄色圆形的果实缀满枝头，果实累累，鲜艳夺目，随风摇曳于小枝，似翩翩起舞的少女，观赏价值极高。

◆ **繁殖方法**：播种繁殖，具体尚未见报道。

◆ **种植技术**：具体尚未见报道。

枇杷

Eriobotrya japonica（Thunb.）Lindl.

蔷薇科（*Rosaceae*）枇杷属（*Eriobotrya*）

识别特征

常绿小乔木；小枝密生锈色或灰棕色绒毛。叶片革质，披针形、倒披针形、倒卵形或椭圆长圆形，先端急尖或渐尖，基部楔形或渐狭成叶柄，上部边缘有疏锯齿，基部全缘，有毛。圆锥花序顶生，具多花；花瓣白色，长圆形或卵形。果实球形或长圆形，黄色或橘黄色，外有锈色柔毛。

◆**季相变化及物候**：花期 10～12 月，果期第二年 6～8 月。

◆**产地及分布**：原产中国，我国多地均有分布，日本、印度、越南、泰国、印度尼西亚也有栽培。

◆**生态习性**：枇杷喜光，稍耐荫，喜温暖气候和肥水湿润、排水良好的土壤，稍耐寒，不耐严寒，生长缓慢。

◆**园林用途**：作庭荫树、园景树，可栽植于园林观赏，小区，学校，单位，工厂，山坡、庭院、路边、建筑物前，是园林结合生产的优良树种。

◆**观赏特性**：树形端庄，美观，叶大浓绿亮丽，四季常青，花期白花满树，果期金果累累，观赏兼食用药用。

◆**繁殖方法**：常用嫁接繁殖。枇杷砧木以本砧为主。也有用石楠、赤叶、枇杷等用作砧木的，嫁接以枝接为主。枇杷切接均在春梢萌动前的 3 月下旬至 4 月中旬，春梢停止后嫁接成活率降低。腹接则年四季都均可。芽接一般只要皮层能剥离，周年都可进行。嫁接成活后萌发的新梢，叶大枝嫩，为防止烈日灼伤，应及时遮阴。

◆**种植技术**：选择土层深厚、肥沃、富含有机质的土壤。在种植前一年的 9～10 月份，开挖深 60cm、口宽 80cm、底宽 70cm 的定植坑，同时把表土和底土分开堆放。每定植坑施入 30kg 农家肥或糖泥、0.8kg 钙镁磷肥作底肥，与表土混合后施入植穴，再将原底土全部回填。回填须

在种植枇杷苗2个月前结束，以使基肥充分腐熟、填土沉实。种植时，苗株根颈部应以地面平齐，不能过深，应剪去部分叶片、嫩枝，以减少蒸发种植时让细土和根系充分接触，压实根部周围土壤，每株必须浇20L定根水，待水渗下后再盖一层细土。成活后注意定干。定植后第1年需施浓度为10%～30%的人粪尿3、4次；第2年株施农家肥或腐熟糖泥15kg和复合肥0.8kg；注意防治病虫害，酸性土要施适量石灰，促进幼树苗壮成长。

光叶石楠

Photinia glabra （Thunb.） Maxim.

蔷薇科（*Rosaceae*）石楠属（*Photinia*）

识别特征

常绿乔木，高 5～7m。老枝灰黑色，皮孔棕黑色，近圆形，散生。叶片革质，幼时及老时皆呈红色，椭圆形、长圆形或长圆状倒卵形，长 5～10cm，宽 2～4cm，先端渐尖，基部楔形，边缘有浅钝细锯齿，无毛，侧脉 10～18 对；叶柄长 1～1.5cm，无毛。花多数，顶生复伞房花序，总花梗和花梗均无毛；花直径 7～8mm；萼筒杯状；萼片三角形，长 1mm，先端急尖，内面有柔毛；花瓣白色，倒卵形，长约 3mm，先端圆钝，内面近基部有白色绒毛，基部有短爪；雄蕊 20，约与花瓣等长或较短；花柱 2，离生或下部合生，柱头头状，子房顶端有柔毛。果实卵形，长约 5mm，红色，无毛。

◆ **季相变化及物候**：花期 3～5 月，果期 6～11 月。

◆ **产地及分布**：产我国云南、贵州、四川广东、广西、安徽、江苏等南方省份，生于山坡杂木林中，海拔 500～800m；日本、泰国、缅甸也有分布。

◆ **生态习性**：喜温暖湿润的气候，抗寒力不强，喜光也耐荫，对土壤要求不严，以肥沃湿润的砂质土壤为佳。

◆**园林用途**：可修剪成球形或圆锥形等不同的造型。可应用于单位、小区、庭院、公园绿地、道路等处，孤植、丛植、列植或基础栽植均可。对烟尘和有毒气体有一定的抗性，可用于工矿企业厂区绿化。

◆**观赏特性**：枝繁叶茂，自然形成圆整树冠，终年常绿，叶片亮绿色、具光泽，早春幼枝嫩紫红，枝叶浓密，老叶经过秋季后部分出现赤红色，春夏密生白色花朵，秋季红果实缀满枝头，果实累累，鲜艳夺目，观赏价值极高。

◆**繁殖技术**：播种或扦插繁殖。播种于 10～11 月采种，将果实堆放捣烂漂洗去果皮，取籽晾干，层积沙藏，翌春播种，播后注意浇水、适当遮阴。约 30 天待树苗基本出齐时，逐渐增加光照。扦插于雨季剪当年 1～2 年生健壮半木质化嫩枝为插穗，长 12～15cm，上部留 2、3 叶片，每叶剪去 2/3，插后及时浇水，遮阴，保持土壤湿润。

◆**栽培技术**：种植地土壤以质地疏松、肥沃、酸性至中性排水良好的土壤为佳。土壤深耕25cm 以上、同时施用杀虫剂防治地下害虫。每半个月施 1 次尿素或三元复合肥，每亩用量约为4kg。天旱时及时灌溉，涝时及时排水。冬季施半腐熟有机肥一次。苗床期常见的病虫害有立枯病、猝倒病和蛴螬、地老虎等，应及时防治。注意防止鸟兽为害树苗。

石楠（石楠千年红、扇骨木）

Photinia serrulata Lindl.

蔷薇科（*Rosaceae*）石楠属（*Photinia*）

识别特征

常绿乔木。单叶互生，嫩叶红色；叶片革质，长椭圆形、长倒卵形或倒卵状椭圆形，先端尾尖，基部圆形或宽楔形。复伞房花序顶生；花瓣5，白色。梨果球形，红色，熟后成褐紫色。

◆**季相变化及物候**：3月初长新叶，红色，花期 4～5月，果期9～10月，冬天枝条顶端叶变红色。

◆**产地及分布**：产我国秦岭以南各省；日本、印尼也有分布。

◆**生态习性**：弱阳性树种，喜光，稍耐阴；喜温暖湿润的气候，抗寒力不强，能耐短期的 -15℃的低温；对土壤要求不严，以肥沃湿润的砂质土壤最为适宜，耐干旱贫瘠，不耐水湿，喜排水良好。

◆**园林用途**：是著名的庭院绿化树种；可作为庭荫树，行道树、园景树等。

◆**观赏特性**：枝条能自然发展成圆头形树冠，树形端正美观，枝条横展，树冠圆整。3月初，嫩叶萌发呈紫红色，它的叶片翠绿色，具光泽，其嫩枝幼叶则紫红色，春季萌芽时赏叶，春末白花点点，秋日红果累累，状若珊瑚。

◆**繁殖方法**：种子繁育。石楠种子一般12月至次年1月果皮由青绿色变成紫红色时采种；果实荫凉处晾干后搓揉果实使种子脱离，用清水浸泡揉搓，淘洗去果皮后，收集饱满种子与湿沙混藏催芽，1～3天后种子露白时播种。

◆**种植技术**：选择地势平坦、土层深厚、肥沃，排灌条件良好，背风向阳的地段。施用腐熟有机肥料或无机复合肥 。移栽的时间一般在春季3～4月和秋季10～11月，种苗移栽时，定点挖穴；用细土堆于根部，并使根系舒展，轻轻压实。栽后及时浇透定根水。在定植后的缓苗期内，要特别注意水分管理，如遇连续晴天，在

移栽后 3～4 天要浇一次水，以后每隔 10 天左右浇一次水；如遇连续雨天，要及时排水。约 15 天后可施肥。在春季每半个月施一次尿素夏季和秋季每半个月施一次复合肥，用量为 5kg/ 亩，冬季施一次腐熟的有机肥，用量为 1500kg/ 亩，以开沟埋施为好。

红花羊蹄甲（红花紫荆、洋紫荆）

Bauhinia blakeana Dunn

苏木科（*Caesalpiniaceae*）羊蹄甲属（*Bauhinia*）

识别特征

常绿或半常绿小乔木。叶革质，近圆形或宽心形，基部心形，有时近截平，先端2裂约为叶全长的1/4～1/3，裂片顶钝或狭圆；基出脉11～13条。总状花序顶生或腋生，有时复合成圆锥花序；花萼佛焰状，有淡红色和绿色线条；花瓣5，红紫色，其中4瓣分列两侧，两两相对，另一瓣翘首于上方，有近似兰花的清香。未见结实。

◆ 季相变化及物候：花期全年，盛花期为3～4月，通常不结果。

◆ 产地及分布：分布于亚洲南部我国的福建、广东、海南、广西、云南等地，越南、印度也有分布；云南南部广为栽培。

◆ 生态习性：喜光、稍耐荫，喜高温高湿、多雨的气候，耐旱，怕涝，有一定耐寒能力，我国北回归线以南地区均可越冬。喜肥沃、湿润而排水良好的酸性土壤。萌芽性强，生长较慢，寿命长。

◆ 园林用途：是园林中主要的观花树种之一，可作为行道树、园景树；宜列植于道路旁，孤植于或散植于庭院、草坪或是建筑物旁，亦可用于海边绿化。

◆ 观赏特性：树冠美观，花香色艳，花大且多，盛开时繁花满枝，极具观赏性。

◆ 繁殖方法：多用嫁接繁殖。砧木可用同类羊蹄甲实生苗，早春出芽前进行芽接或劈接均可，当年即可开花。

◆ 种植技术：宜选择肥沃、湿润而排水良好的酸性土壤种植。种植前先整地，清楚地块内的杂灌草。开挖种植穴，其规格按照实际情况而定，株行距宜保持在40cm左右。移植宜在冬末进行。小苗需多带宿土，大苗要带土球。栽植后保持土壤湿润。夏季高温时要避免阳光直晒，花期和盛夏要多浇水，秋、冬应稍干燥；生长期施液肥1、

2 次，开花前增施磷钾肥 1 次。冬季最低温需 5℃以上。用于培育乔木的，早年宜摘去花芽，培育成主干明显的大苗，2 年生的苗便可供绿化种植。

白花羊蹄甲（老白花、白花洋紫荆）

Bauhinia acuminata Linn.

苏木科（*Caesalpinioideae*）羊蹄甲属（*Bauhinia*）

> **识别特征**
>
> 常绿小乔木；高 5 ～ 8m，小枝之字曲折，无毛。叶近革质，卵圆形，长 9 ～ 12cm，基部通常心形，先端 2 裂约达叶长的 1/3 ～ 2/5，裂片先端急尖或稍渐尖，上面无毛，下面被灰色短柔毛；基出脉 9 ～ 11 条，叶脉在叶下面明显凸起。花白色，密集，具梗

短，伞房花序式的总状花序有花 4、5 朵，苞片与小苞片线形，具线纹，被柔毛；花蕾纺锤形，顶冠以 5 条锥尖、被毛的萼齿；萼佛焰状，一边开裂，顶端有 5 枚短的细齿；花瓣长 3.5～5cm，倒卵状长圆形，无瓣柄；能育雄蕊 10 枚，花丝长短不一，下部 1/3 被毛，花药长圆形，黄色；子房具长柄，花柱长约 2cm，柱头盾状。荚果线状倒披针形，扁平，先端急尖，具直喙，长 7～12cm，内有隔膜，果颈长 1cm，果瓣革质，无毛，近腹缝处有 1 条隆起、锐尖的纵棱；种子 5～12 颗，扁平。

◆ **季相变化及物候**：花期 3～5 月，果期 5～8 月。

◆ **产地及分布**：我国云南南部、东南及西南部有分布，生于海拔 150～1500m 疏林或者林缘，广东、广西、福建、台湾等省区有分布；印度、斯里兰卡、孟加拉国、越南以及中南半岛至印度尼西亚均有分布。

◆ **生态习性**：幼年时喜湿耐阴，成龄树喜光。喜暖热湿润气候，不耐寒，较耐旱，适应性强，对土壤要求不严，河滩、山丘、坡地都可种植，以土层深厚、肥沃、排水良好的酸性土壤为佳。

◆ **园林用途**：适合植于庭院、单位、小区、道路、公园绿地等作庭荫树、园景树、行道树、风景景林树种等。

◆ **观赏特性**：树冠展开，芳香，先开花后叶或花叶同现，树上一片白色，五杖分离花瓣似朵朵飞舞在枝头的白蝴蝶；观花、观叶、观形。

◆ **繁殖方法**：扦插、压条法繁殖为主，也可播种或分株繁殖。1、扦插繁殖。雨季扦插，插穗选用生长健壮、长 12～15cm 的 2 年生枝条，剪去下部叶片，300～500ppm 的吲哚丁酸溶液

浸泡 24h 后插于净河砂中，在 80% 相对湿度、温度 20 ～ 24℃条件下约 15 天左右可生根。生根小苗开始生长时移栽，2 年后可开花。2、压条繁殖。4 月份从 3 年生母株上选取健壮枝条，长 25 ～ 30cm 进行压条，如有三叉枝，则可压在叉口处，形成三苗。一般经 20 ～ 30 天即可生根，6 月与母株分离，至翌年春分栽。3、播种繁殖。多在春季播种，播时将种子拌上火灰均匀的播在播种沟内，然后用细土或火土复盖平播种沟，盖草淋水，经常保持土壤湿润，以利出苗，播后约 1 年左右发芽，幼苗期每月除草，除草后施淡人粪尿水，育苗一年后可移栽，3 ～ 4 年后开花。

◆**种植技术**：栽培地点选阳光充足、排水良好的地方，施腐熟有机肥作基肥。移栽在冬季或早春休眠期进行为佳，大苗带土球，小苗尽量带宿根土栽后浇透水，保持土壤湿润，幼苗期修剪整形。常见害虫为白蛾蜡蝉、茶衰蛾等，应预防为主，综合防治。

美丽决明

Cassia spectabilis DC.

苏木科（*Caesalpinioideae*）决明属（*Cassia*）

识别特征

常绿小乔木；嫩枝密被黄褐色绒毛。叶互生，长 12 ～ 30cm，具小叶 6 ～ 15 对；叶轴及叶柄密被黄褐色绒毛；小叶对生，椭圆形或长圆状披针形，下面密被黄褐色绒毛，侧脉每边 15 ～ 20 条。花组成顶生的圆锥花序或腋生的总状花序；花直径 5 ～ 6cm；萼片 5 枚；花瓣黄色。荚果长圆筒形，长 25 ～ 35cm。

◆ **季相变化及物候**：花期 3 ～ 4 月；果期 7 ～ 9 月。

◆ **产地及分布**：原产美洲热带地区；我国广东、云南南部有栽培。

◆ **生态习性**：属阳性树种，喜高温湿润，宜中等肥沃、排水良好的土壤。

◆ **园林用途**：宜作园景树，庭荫树。花色鲜艳，适宜孤植或群植于林缘，也可作为低矮花卉植物的背景树种。

◆ **观赏特性**：花鲜黄色，开在树梢，远看去，鲜艳夺目，因而受到园林绿化部门重视，近年引种作为花灌木栽培，专供观赏。

◆ **繁殖方法**：播种繁育。最好是选用当年采收的种子。选用籽粒饱满、没有残缺或畸形、没有病虫害的种子。对于用手或其他工具难以夹起来的细小的种子，可以把牙签的一端用水沾湿，把种子一粒一粒地粘放在基质的表面上，覆盖基质 1 公分厚，然后把播种的花盆放入水中，水的深度为花盆高度的 1/2 ～ 2/3。对于能用手或其他工具夹起来的种粒较大的种子，直接把种子放到基质中，按3cm×5cm 的间距点播。播后覆盖基质，覆盖厚度为种粒的 2 ～ 3 倍。播后可用喷雾器、细孔花洒把播种基质质淋湿，以后当盆土略干时再淋水，仍要注意浇水的力度不能太大，以免使种子上浮。

◆ **种植技术**：选排水良好地方肥沃的砂壤土。扦插苗和种子苗在苗床移栽几次促进强健，培育稍大定植与大田。小苗施氮肥，老株施全肥，开花期间每月追施 2 次液肥。入冬前施有机肥，少量浇水。定植后需摘心 1、2 次，促进分枝，形成圆形株形。

仪花

Lysidice rhodostegia Hance

苏木科（*Caesalpinioideae*）仪花属（*Lysidice*）

识别特征

　　常绿小乔木。叶为偶数羽状复叶，有小叶3～5对；小叶对生，具短柄，基部微偏斜，两侧稍不对称。圆锥花序生枝顶；花美丽，紫红色或粉红色，具梗，基部托以红色或白色的苞片和小苞片；花萼管状，顶部4裂，花后反折。荚果两侧压扁，长圆形或倒卵状长圆形，厚革质或木质。

◆ **季相变化及物候**：花期5～7月，果期9～10月。

◆ **产地及分布**：原产我国南部至西南部，分布于华东、台湾、广东、广西、贵州、云南；越南有分布。

◆ **生态习性**：属阳性树种，喜温暖湿润，耐贫瘠干热，生长适宜温度22～30℃；对土壤要求较不严格，一般肥力中等土壤均能生长，但以土层深厚肥沃、疏松、排水良好的酸性土、钙质土壤生长最好。

◆ **园林用途**：可做行道树、庭荫树、园景树，可孤植、丛植、群植、列植于公园绿地，庭院，道路。

◆ **观赏特性**：树冠开展，树形紧凑，叶密而翠绿，开花时间，满树淡粉带紫色的花朵鲜艳又不失高雅，覆满树冠，整株树似亭亭玉立的少女，具极高的园林价值。

◆ **繁殖方法**：种子繁育。9～11月，果实成熟，成熟种子应及时收集，放置于阴凉处。播种前将种子倒放入沸水中浸泡，到自然冷却后在常温条件下浸泡24h，晒干后播种可提高种子发芽率。

滇南乡土园林树木

◆**种植技术**：宜选择土层深厚肥沃、疏松、排水良好的酸性土、钙质土的地方种植。种植前先整地，将苗床地上的杂灌木和草全部清除。苗床准备：苗床宽一般 1.0～1.2m，高 15cm，步道宽 40cm 左右。移植管理：苗木移植后，需要进行遮阴处理，及时浇水，保持土壤湿润，移植 15 天后，去除遮阴网，适当的浇灌复合肥后，再用清水浇灌一次，每 15 天浇灌一次，进入秋冬季节后，可适当减少水肥的浇灌。苗木修剪一般在春季未萌发新叶前修剪，将枯枝、衰老枝剪除。病虫害管理：仪花属于速生树种，移植容易成活，恢复快，病虫害较少。

杨梅

Morella rubra（lour.）Zucc.

杨梅科（*Myricaceae*）杨梅属（*Myrica*）

◖**识别特征**◗

　　常绿乔木。动枝及叶脊有黄色油腺点。单叶互生，叶革质，长椭圆状倒卵形或披针状倒卵形，长 5～18cm，宽 1.5～4cm，顶端钝圆至急尖，全缘或有时在中部以上有少数锯齿。雌雄异株，雄花序数条丛生于叶腋、圆柱形、黄红色。雌花序单生于叶腋，为卵状长椭圆形柔荑花序。核果球形，成熟时红色，外表面具乳头状凸起，外果皮肉质，多汁液及树脂；核与果实同形。

◆ **季相变化及物候**：花期9～10月，果期翌年4～5月。

◆ **产地及分布**：我国产于四川中部以西、贵州西部及南部、广东西北部、广西和云南等地；中南半岛亦有分布。

◆ **生态习性**：为中性树，稍耐阴，不耐烈日直射；喜温暖湿润气候，在日照较短的低山谷地，酸性砂质壤土中生长良好，在为碱性土壤也能适应；耐严寒，但要求空气湿度大。对二氧化硫、氯气有毒气体抗性较强。

◆ **园林用途**：是可作行道树、庭荫树、园景树；宜列植于路旁或分车带，孤植、丛植于庭院、小区、公园草坪等处，也是厂矿绿化的理想树种。

◆ **观赏特性**：树冠圆整，枝繁叶茂，绿荫浓绿，初夏红果累累，颇具观赏价值。

◆ **繁殖方法**：以嫁接繁殖为主。选2年生实生苗作砧木，清明前后皮接或切接。接穗采自品种优良纯正、生长健壮的结果树上向阳面和顶上部发育充实的1年生春梢。将接穗削成长8cm，削面长2.5cm，背部削面长0.5cm的接芽，然后将削好的接芽插入切好的砧木中，用薄膜条绑扎。

◆ **种植技术**：移栽前整地，深翻细作。挖穴规格视杨梅苗木粗细而定，以50～80cm×50～80cm×40～60cm为宜，在穴底部施足基肥。大苗必须带土团，土团大小依苗木而定，一般胸径3～5cm带土团直径为15～30cm。栽植前应根据实际需要的树型进行合理修剪枝叶，以防水分过度蒸发造成干枯。栽植时填土踏实，栽好时苗根际表土应高于地面5～10cm，并浇透水一次。6月、12月各松土、除草一次。夏季施粪肥、腐熟饼肥，冬季追施厩肥、堆肥，开沟环施法。及时修枝整形，疏除枯枝、病枝、过密枝。

大果榕（大木瓜、大无花果）

Ficus auriculata Lour.

桑科（*Moraceae*）榕属（*Ficus*）

· 识别特征 ·

常绿小乔木。单叶互生，厚纸质，广卵状心形，先端钝，具短尖，基部心形，稀圆形，边缘具整齐细锯齿，表面无毛，仅于中脉及侧脉有微柔毛，背面多被开展短柔毛，表面微下凹或平坦，背面突起；托叶三角状卵形，紫红色，外面被短柔毛。隐头花序，花序托具梗，簇生老枝或无叶枝上，倒梨形或陀螺形。榕果簇生于树干基部或老茎短枝上，大而梨形或扁球形至陀螺形，具明显的纵棱8～12条，幼时被白色短柔毛，成熟脱落，红褐色，顶生苞片宽三角状卵形；瘦果有粘液。

◆ **季相变化及物候**：花期8月～翌年3月，果期5～8月。

◆ **产地及分布**：产我国海南、广西、云南、贵州（罗甸）、四川（西南部）等；印度、越南、巴基斯坦也有分布。

◆ **生态习性**：阳性树种，喜光和温暖、湿润气候，不耐寒，不抗风，抗大气污染，适应性广，对环境条件要求不严，凡年均温在13℃以上，冬季最低温-18℃以上，耐旱不耐涝，年降雨量400mm以上的地区均可正常生长结果。土壤适应性很强，尤其是耐盐性强，但以肥沃的沙质壤土栽培最宜。

◆**园林用途**：庭荫树、行道树、园景树，可孤植、对植、列植、片植，抗污染力强，也是工厂区较好的绿化树种。

◆**观赏特性**：树姿优雅，株型茂密丰满，遮阴效果好枝干干净，果丰硕，玲珑可爱。

◆**繁殖方法**：扦插繁殖；用较粗的枝条做插穗，最适合选择早春的时候扦插。

◆**种植技术**：选择地势较高、排水良好的砂壤土整地，定植在秋季落叶或春季发芽前这段时间进行，可以裸根不带土球。种植密度根据土壤肥力确定，土地肥沃者667m²栽80～100株。行距2～3m，株距1～2m，111～333／667m²株不等，旱田薄地宜密，肥沃地块宜稀。栽后用土将苗木地上部分培土封严，防寒保水。要根据土壤类型，加强中耕松土，并进行除草。修剪在冬季和生长季均可，冬季可进行短截、疏枝等，在生长季节，要及时剪除萌条和徒长枝，保持通风透光。

钝叶榕

Ficus curtipes Corner.

桑科（*Moraceae*）榕属（*Ficus*）

识别特征

常绿小乔木，有时为攀援状，具乳液。叶互生，稀对生，全缘或具锯齿或分裂；托叶合生，包围顶芽，早落，遗留环状疤痕。花雌雄同株或异株，生于肉质壶形花序托内壁。榕果腋生或生于老茎，口部苞片覆瓦状排列，基生苞片3，早落或宿存，有时苞片侧生，有或无总梗。

◆**季相变化及物候**：花果期9～11月。

◆**产地及分布**：原产我国云南南部至西南部、贵州（见《中国高等植物图鉴》补编）；尼泊尔、锡金、不丹、孟加拉国、缅甸、泰国、越南、印度西北部、马来西亚、印度尼西亚（苏门答腊）也有分布。

◆**生态习性**：属阳性树种，喜光和温热气候，耐湿、耐旱、耐酸，对土壤要求较不严格，但以土层深厚、肥沃、排水良好的富含腐殖质的肥沃土壤生长最好。

◆**园林用途**：是常用绿化树种可孤植、丛植、列植，可配植于庭院、公园、道路等处。

◆**观赏特性**：树姿美丽，叶亮绿，质厚，秋末冬初榕果成熟，极为美丽。

◆**繁殖方法**：以扦插繁殖为主，也可采用压条法，甚至能得到成熟种子的还可以播种繁殖。温室繁殖不受季节影响，但扦插最适宜的季节为夏季。选用一年生的顶枝或侧枝种植，一般带2、3片叶，为防止白浆流出，插穗剪下后要蘸草木灰，或涂上油漆，插于沙、蛭石或珍珠岩中，也

可水插，温度保持 25 ～ 30℃，3 周左右生根。种植用土以 1 草炭土、1 园土、1 河沙混合即可，施以饼肥等作为基肥。生长季节水肥要充足，保持土壤湿润，还应向叶面和地面喷水，每 1 月浇施一次稀薄的肥水，以氮肥为主。

◆**种植技术**：宜选择土层深厚、湿润、肥沃、排水良好的地方进行种植。小苗定植前应先经过一段时间地栽或营养袋培植，使苗的根系更好的生长，促进地上部分枝叶在较短时间内形成茂密的径冠。幼苗定植一年四季均可进行。定植为宽 1m，高不低于 30cm，双行挖穴，株距 25 ～ 30cm，25 ～ 30cm，3 株紧靠在一起种入穴内，以利幼苗迅速长出新根，也为起苗上盆时多带土提供了条件。定植后幼苗还未抽出新叶，应注意保持土壤湿润。钝叶榕管理粗放，比较耐瘠薄、耐旱、耐涝，但要想长得快、好，仍须提供充足的水分、肥料；其不需过大过强的修剪整形，保持其自然的树形即可。剪去徒长枝、过密枝、交叉枝、病虫枝，对苗冠发育不匀称的可以抑强扶弱，强调侧枝的伸展方向，培育匀称的树冠。

尖叶榕

Ficus henryi Warb. ex Diels

桑科（*Moraceae*）榕属（*Ficus*）

⬥ 识别 特征

常绿小乔木；幼枝具薄翅。叶倒卵状长圆形至长圆状披针形，长 7 ～ 16cm，宽 2.5 ～ 5cm，先端渐尖或尾尖，基部楔形，两面均被点状钟乳体，侧脉 5 ～ 7 对，网脉在背面明显，全缘或从中部以上有疏锯齿；叶柄长 1 ～ 1.5cm。榕果单生叶腋，球形至椭圆形，直径 1 ～ 2cm，总梗长 5 ～ 6mm，顶生苞片脐状突起，基生苞片 3 枚；瘦果卵圆形，光滑，背面龙骨状。

◆ **季相变化及物候**：花期 5～6 月，果期 7～9 月。

◆ **产地及分布**：产我国云南中部至东南部、四川西南部、贵州西南和东北部、广西、湖南、湖北西部（巴东兴山以西）；越南北部也有。

◆ **生态习性**：属阳性树种，喜光和温热气候，耐湿、耐旱、耐酸，对土壤肥沃要求较不严格。

◆ **园林用途**：树形高大，形态优美，可孤植、丛植做庭荫树、园景树，列植作行道树等。

◆ **观赏特性**：树形整齐美观，四季常青，叶面有光泽，是优良的城市绿化景观树。

◆ **繁殖方法**：扦插繁殖，于春季气温回升后进行，较易成活，老枝或嫩枝，均可作插穗，可截成每 20cm 左右长一段，直接插入圃地，保持湿润，约 1 个月可发根，留圃培育 2～4 年，即可出圃供露地栽植。也可用长 2m 左右、径 6cm 左右的粗干，剪去枝叶，顶端裹泥，不经育苗，直接插干栽植。嫩枝扦插：生长季节剪取插枝长 8～10cm，保留 2、3 片叶，以细沙作为扦插基质，并加盖遮阴网。20～25℃条件为生根最佳温度。插后白天要经常喷水，保持空气湿度，一般在 15 天左右开始发根，一个月后能移植。用沙床扦插的苗根比较脆弱，很容易脱水，一旦起苗要马上定植。

◆ **种植技术**：参照榕属植物。挖种植穴，每穴用农家肥 10～20kg、钙镁磷肥 05kg 与表土拌匀放入坎底，然后回心土，高出地面 25cm、中间稍凹的圆盘。先在坎内中心挖 1 个定植穴，一般规格为 20cm×20cm×20cm，大小根据苗的规格确定。种植时，剪去徒长枝、病虫枝、过密枝，同时对受伤的枝、根进行适当的修剪。修剪的强度应根据定植的时间，温度高修剪重，以减少蒸腾，提高种植成活率。苗可裸根苗栽植，但大苗需带土。苗放入定植穴内，舒展根系，覆土、压实，盖土的高度应高出根茎处 3cm 左右。定根水浇透，并松土、盖草；第 2 天再浇 1 次，以后注意防旱。

直脉榕（红河榕）

Ficus orthoneura Levl. et Vant.

桑科（**Moraceae**）榕属（*Ficus*）

识别特征

常绿小乔木。叶生小枝顶端，革质，全缘，倒卵圆形或椭圆形，长 8 ～ 15cm，宽 6 ～ 9cm，先端圆或具短尖，基部圆或浅心形，表面深绿色，背面浅绿色，叶脉网眼微褐色；基生侧脉短，侧脉 7 ～ 15 对，平行直出，至边缘弯拱向上网结；叶柄长 2 ～ 5cm，稍扁；托叶膜质，白绿色，披针形，长达 5cm。榕果成对或单生叶腋，球形或倒卵状球形，直径 1 ～ 2cm，顶部脐状，基部缢缩成短柄，基生苞片小，分离。

◆ **季相变化及物候**：花期 4 ～ 9 月。

◆ **产地及分布**：原产我国广西、云南（北达易门、华宁）、贵州（北达晴隆）等地。

◆ **生态习性**：阳性树种，喜光；喜高温，忌低温干燥环境；生长发育的适宜温度为 23 ～ 32℃，耐寒性较强，可耐短暂 0℃低温。喜湿润。以肥沃疏松的腐叶土为宜，pH 6.0 ～ 7.5，不耐瘠薄和碱性土壤。

◆ **园林用途**：可孤植、列植、群植；适合做行道树或栽植于庭园、公园，还可修剪做造型。

◆ **观赏特性**：四季常青，果实密集，有很好的园林观赏价值。

◆ **繁殖方法**：参照高山榕。扦插繁殖。末秋初用当年生枝条进行嫩枝扦插，或早春用上一年

生的枝条进行老枝扦插。嫩枝扦插时，选用当年生粗壮枝条为插穗，剪下枝条，选取壮实的部位，剪成 10 ～ 15cm 长的 1 段，每段要带 3 个以上的叶节；进行老枝扦插时，选取上一年的健壮枝条做插穗，每段插穗保留 3、4 个节，剪取方法同嫩枝扦插。插穗生根的温度以 20 ～ 30℃为宜，低于 20℃，插穗生根困难；高于 3℃，插穗的剪口容易受病菌慢染而腐烂。同时，扦插后必须保持空气相对湿度为 75% ～ 85%。

◆ **种植技术**：选择土壤肥沃，透水性良好的地段整地。定植前保持苗木根部有足够的基土。幼苗移植后一般生长都比较快，必须根据苗木生

长速度，逐步给根部增加土肥，使之树枝增粗，增长。在生长期，每10天到半个月淋施一次液肥，有时浇水时也可在水中加入一些尿素。如果需要后期对树体进行造型，造型时可以利用植物的"顶端优势"，在小苗时可把主干弯曲绑扎，促使基部最大的侧枝朝上生长，延伸为主干，等其长到一定高度后，又变换方向弯曲绑扎，又让一侧枝朝上生长，如此反复，1～2年后就可以形成以树枝代树干营造造型，又不会因修剪树木损伤元气，又可以生长快，成型快，达到理想的造型。

鸡嗉子榕（鸡嗉子果、阿亏、山枇杷果、郭吗蜡、偏叶榕）

Ficus semicordata Buch.-Ham. ex J. E. Sm.

桑科（*Moraceae*）**榕属**（*Ficus*）

识别特征

　　常绿小乔木，高3～10m，胸径15～25cm，树皮灰色，平滑，树冠平展，伞状；幼枝被白色或褐色柔毛。叶排为两列，长圆状披针形，长18～28cm，宽9～11cm，纸质，先端渐尖，基部偏偏心形，一侧耳状，边缘有细锯齿或全缘，表面粗糙，脉上被硬毛，背面密生短硬毛和黄褐色小突点，基生侧脉较短，侧脉10～14对，耳状叶脉侧生，3、4条；叶柄粗壮，密被硬毛；托叶披针形，膜质，近无毛，红色。雌雄异株，榕果生于老茎发出的无叶小枝上，果枝下垂至根部或穿入土中；榕果球形，直径1～1.5cm，被短硬毛、有侧生苞片、基生苞片3，被毛，成熟榕果紫红色；雄花，生于榕果内壁近口部，花被片3，红色，倒披针形，花药白色，花丝短；瘿花花被片线状披针形4、5枚，花柱侧生，短；雌花花被片与瘿花同，子房卵状椭圆形，花柱侧生长，柱头圆柱形。瘦果宽卵形，顶端一侧微缺，微具瘤体。

◆ **季相变化及物候**：终年常绿，花果期 5～10 月。

◆ **产地及分布**：广泛分布于我国云南南部和西部，广西、贵州和西藏；东南亚也有。常分布于海拔 420～1860m 的路旁、林缘或沟谷。

◆ **生态习性**：喜光，喜温暖湿润气候，不耐寒；在潮湿的空气中能发生大量生根，使观赏价值大大提高；不耐旱，较耐水湿，对土壤适应性强，喜疏松肥沃的酸性土，在瘠薄的砂质土或黏土中也能生长。

◆ **园林用途**：适于公园绿地、单位、小区、工厂、道路等地作园景树、庭荫树、行道树，也可做风景林；可孤植对植、丛植、列植。

◆ **观赏特性**：在榕属观赏树木中属树体较小，树冠浓密又显轻盈的类型，树冠伞状，叶排为两列，冠幅平行展出；果穗长在近根部，托伏与地表之上，累累果实挂满果穗，成熟时紫红色，果实酸甜可口，形成根部观果奇观。

◆ **繁殖方法**：扦插或播种繁殖。1、扦插繁殖在雨季进行，选当年生的健壮枝条剪成约 15cm 长，留上部 1、2 片叶，扦插基质选素红壤、泥潭或净河砂，斜插入土里，露出 1/2～2/5 长度，遮阴保湿。2、种子繁殖：采收成熟果实后用纱布包好在清水中搓洗成稀泥状，在通风处晾干即播，泥炭与壤土 1:3 混合的基质为佳；撒播，播后搭四面通透的塑料棚并遮阴，保持苗床湿润，气温 25～30℃半个月出苗，5、6 片叶移栽。

◆ **种植技术**：宜雨季定植，选光照条件好，土层深厚的场地，定植后浇透水，以后见干见湿管理水分，每月腐熟有机肥或复合肥 1、2 次，冬末春初适当修剪弱枝、乱枝培养树形。

龙眼

Dimocarpus longgana Lour.

无患子科（*Lauraceae*）龙眼属（*Dimocarpus*）

识别特征

常绿乔木，高达20余米。树皮黄褐色，粗糙，薄片状脱落，小枝粗壮，被微柔毛，散生苍白色皮孔；偶数羽状复叶，互生，长15～30cm，小叶4、5对，小叶薄革质，长圆形或长圆状披针形，长6～15cm，宽2.5～5.0cm，先端渐尖或稍钝，上面深绿色，有光泽，下面粉绿色，两面无毛；圆锥花序顶生，长12～15cm，花杂性，簇生，黄白色，花梗短；萼片、花瓣各5，雄蕊8，花瓣乳白色，披针形，与萼片近等长，外面被微柔毛；雄蕊8，柱头2～3裂。球形核果，不开裂，直径1.2～2.5cm，种子球形，褐黑色，光亮，为肉质假种皮所包裹。

◆ **季相变化及物候**：花期3～4月，果期6～8月。

◆ **产地及分布**：龙眼原产于我国南部及西南部，主要分布于广东、广西、福建、台湾、海南、云南和贵州省等地；东南亚及澳大利亚、美国等也有栽培。

◆ **生态习性**：喜光，喜暖热环境，年平均温18～26℃，年降水量900～1700mm，生长最适，喜肥沃、排水良好的酸性红壤。

◆ **园林用途**：适于做行道树、庭荫树和园景树，可孤植于庭院，也可孤植、丛植、群植于草坪上。

◆ **观赏特性**：树型紧凑美观，树冠浓密，叶片亮绿色，秋果实黄绿色累累而坠，丰硕喜人，外形圆滚，如弹丸，极似龙的眼珠，故称"龙眼"。

◆ **繁殖方法**：可播种、扦插、嫁接繁殖。初秋果实成熟呈黄褐色时采摘，剥去果壳后除去假种皮，用清水洗净后及时用湿细沙催芽，萌芽时按20cm的株距，每穴1颗点播，盖土约2～3cm，畦面再用木糠或稻草覆盖，以保持土壤湿润。苗高8～10cm时，分床栽植或移入营养袋内。注

意肥水管理，及时追肥、淋水，促进苗木生长粗壮。苗期注意及时防治病虫害。龙眼苗期注意防霜冻。扦插：选留一片叶长 10～15cm 的老熟秋枝做插条，扦插于砂壤土与河沙 7:3 混合的基质上，遮阴保湿。嫁接可采用合接法。

◆**种植技术：**折叠定植宜选择清明节前后或春梢萌发前，选择阳光充足、空气流通、土层深厚的酸性红壤为佳，土壤有机质含量 2% 以上。新植龙眼开挖 1m×1m×0.8m 的种植穴施半腐熟有机肥 20kg。在低凹地应设置排灌沟，防治涝灾。定植覆土深度较原来土球高 5cm 左右，植后浇足定根水。定植至第 2 年幼株期间，每年中耕、除草、追肥 2、3 次，第 3 年后，每年至少松土 1 次。同时注意及时修剪枝条，保持树形优美。

林生杧果

Mangifera sylvatica Roxb.

漆树科（*Anacardiaceae*）杧果属（*Mangifera*）

识别特征

常绿乔木，分泌红色树脂。叶纸质或薄革质，披针形或长圆状披针形，长 15～24cm，宽 3～3.5cm，先端渐尖，基部楔形，全缘，侧脉 16～20 对。圆锥花序顶生，长 15～35cm；花白色。核果斜长卵形，长 6～8cm，直径 4～5cm，顶端伸成向下弯曲的喙，外果皮和中果皮薄，果核（内果皮）厚而坚硬，球形。

◆**季相变化及物候**：9～10月开花，翌年3～4月果实成熟。

◆**产地及分布**：产我国云南南部；分布于尼泊尔、锡金、印度、孟加拉、缅甸、泰国、柬埔寨，渐危种分布海拔400～1900m。

◆**生态习性**：性喜温暖，不耐寒霜，喜光。对土壤要求不严，以土层深厚、地下水位低、有机质丰富、排水良好、质地疏松的壤土和砂质壤土为理想，在微酸性至中性、pH 5.5～7.5的土壤生长良好。

◆**园林用途**：可以孤植或丛植、群植、片植；种植于庭院、公园做园景树，也可以做行道树。

◆**观赏特性**：冠大荫浓，树冠伞形绿，果实形状特别，成熟时满树黄灿灿。

◆**繁殖方法**：播种繁殖。种子寿命短，易丧失发芽力发芽，随采随播，播种前需剥去种壳，将种胚播于苗床，有适宜的温度，10～20天即能发芽，生长迅速。1年生实生苗即可出圃定植。

◆**种植技术**：选择在土层深厚、肥沃，空气湿度大，光照充足的地方，定植前2～3个月整地挖穴，规格50cm×50cm×50cm，每穴施腐熟的猪、牛粪或土杂肥20～30kg，过磷酸钙0.5～1kg，肥料与表土混合回穴，植后淋透定根水并加复盖。幼树施肥以氮、磷肥为主，适当配合钾肥，过磷酸钙、骨粉等磷肥主要作基肥施用。植后抽出1、2次梢时开始追肥，追肥以氮肥为主3、5、7、9月各施一次追肥，每次每株施尿素10～20g，9月施复合肥。幼树的整形修剪植后苗高80～100cm开始整形。

滇南乡土园林树木

中华鹅掌柴

Schefflera chinensis（Dunn）Li

五加科（*Araliaceae*）鹅掌柴属（*Schefflera*）

识别特征

常绿小乔木，高 5～15m。叶有小叶 6～7，叶柄长 10～30cm，无毛；小叶亚革质，不等大，卵状长圆形，长 8～20cm，先端渐尖，基部阔楔形至近圆形，上面绿色，有光泽，下面灰绿色，疏生星状绒毛或几无毛，网脉在两面均明显；小叶柄不等长。圆锥花序顶生，长 20～35cm，密被黄褐色绒毛，花无小花梗或具其极短小花梗，密集成圆球形的头状花序。苞片密被绒毛；头状花序直径约 2cm；花白色，花瓣 5，雄蕊 5，子房 5 室，花柱 5，直立，基部合生。果近球形，有 5 棱，直径 5～6mm，花柱宿存。

◆ **季相变化及物候**：花期 11 月，果期 4～6 月。

◆ **产地及分布**：产我国云南南部、西南部及中部的易门等地，生于海拔 1580～2200m 的常绿阔叶林中或沟旁湿地林中。

◆ **生态习性**：中性植物，对光照的适应性强，但过阴易徒长，影响株型。喜温暖、湿润的环境。喜土质深厚肥沃的酸性土，稍耐瘠薄。高温条件下能正常生长。冬季若气温低于 0℃，出现落叶，但翌年春季会重新萌发新叶。

◆ **园林用途**：可广泛应用于园林中，孤植或丛植于景石旁、池畔、桥侧、林缘、庭院。也可点缀在溪流边，或成片群植于草坪边缘。

◆ **观赏特性**：四季常绿，叶奇特似鹅掌，植株优美、疏密相宜，呈现自然和谐的绿色野趣。

◆ **繁殖方法**：播种繁殖或高压繁殖。1、播种繁殖5～6月，用清水加河砂搓洗获得纯净种子，播种基质以腐殖土或砂壤土为宜，将种子均匀播于种植床，用细土覆盖以不见种子为度。保持土壤湿润，在20～25℃的条件下，20天后逐渐出苗，待苗高长到5～10cm时移栽。2、高压繁殖，雨季均可进行，选二年生枝条，环状剥皮，宽1.5～2cm，用潮湿的苔藓或素红土包扎在伤口周围，最后用塑料膜包紧并扎好上下两端，40天左右生根。

◆ **种植技术**：以肥沃、疏松、排水良好的土壤中生长最佳，定植后新叶生长期保持土壤湿润。旱季水分管理干湿交替，不干不浇，浇则浇透。在生长季节每月施1次腐熟的有机肥或速效复合肥，保证肥水充分。每年春季萌芽前可进行一次植株修剪。

刺通草（党楠、裂叶木通、天罗伞）

Trevesia palmata （Roxb.） Vis.

五加科（*Araliaceae*）**刺通草属**（*Trevesia*）

- 识别特征 -

常绿小乔木；小枝有绒毛和刺；刺短，基部膨大。叶为单叶，叶片大，直径达60～90cm，革质，掌状深裂，裂片5～9，披针形，先端长渐尖，边缘有大锯齿；叶柄长达60～90cm，通常疏生刺；托叶和叶柄基部合生。圆锥花序大，长约50cm，主轴和分枝幼时有锈色绒毛，后毛渐脱落；伞形花序大，直径约4.5cm，有花多数。果实卵球形，直径1.2～1.8cm，棱不明显；宿存花柱长2～3mm；果梗长3～6cm。

◆**季相变化及物候**：花期 10 月，果期翌年 5 ～ 7 月。

◆**产地及分布**：分布于我国云南南部、贵州（贞丰）、广西（上林）；尼泊尔、锡金、孟加拉、印度、越南、老挝、柬埔寨有分布。

◆**生态习性**：属阳性树种，稍耐阴。适应性强，较耐寒；对土壤要求较不严格，但以土层深厚、排水良好的砂壤土或轻壤土中生长最好。

◆**园林用途**：宜做园景树，适合栽植于公园，庭院内观赏。

◆**观赏特性**：株形姿态优美，奇特的叶片，顶生的聚生小花，果序均有有观赏价值。

◆**繁殖方法**：用扦插或分株法。一般在春、夏成活率最高，发根适温约 22 ～ 25℃。只要剪取枝条，每 4 ～ 6 节为 1 段，浅埋于疏松的培养土，保持湿度，接受日照约 50% ～ 70% 约经 15 ～ 20 天即能发根成苗。培养土以富含腐殖质的砂质壤土最佳，亦可使用细蛇木屑 50%，泥炭苔 20% 和河砂 30% 调制。耐阴性强，栽培处以日照 40% ～ 60% 最佳，忌强烈日光直射。

◆**种植技术**：幼苗生长期应注意排水，施肥每年生长期施农家肥 2、3 次。生育期间每月追肥 1 次。

蒙自桂花

Osmanthus henryi P. S. Green

木犀科（*Oleaceae*）木犀属（*Osmanthus*）

识别特征

　　常绿小乔木。叶片厚革质，椭圆形至倒披针形，先端渐尖成尾状，基部狭楔形，全缘或具牙齿状锯齿，每边约有 20 对，腺点在两面均呈小水泡状突起，中脉在上面略凹入，被柔毛，近叶柄处柔毛尤密，在下面凸起，侧脉 7～9 对；叶柄长 8～10mm。花序簇生于叶腋，每腋内有花 4、5 朵；花芳香；花冠白色或淡黄色。果长椭圆形，长约 2cm。

◆ **季相变化及物候**：花期 10～11 月，果期 5 月。

◆ **产地及分布**：原产于我国云南、贵州、湖南等地。

◆ **生态习性**：阳性树种，有一定耐阴力。喜温暖环境，宜在土层深厚，排水良好，肥沃、富含腐殖质的偏酸性砂质壤土中生长。不耐干旱瘠薄。

◆ **园林用途**：生长适应性强，根系发达，寿命长，适宜作行道树或园景树，孤植、列植、丛植均能展现优良的景观效果。

◆ **观赏特性**：蒙自桂花是集绿化、美化、香化为一体的园林观赏树种，其形、色、香、韵俱佳，是城市绿地中可广泛应用的植物。

◆ **繁殖方法**：采用种子播种育苗，是培育单干桂花的主要繁育方法。蒙自桂花树实生苗生长健壮，根系发达，生命力强，寿命长，尤其是树干发育良好。

◆**种植技术**：在苗圃栽植期，每年需施肥3、4次。早春，芽开始膨大前根系就已开始活动，吸收肥料。因此，在早春萌芽前施入腐熟的豆饼、猪粪和禽粪等速效性氮肥为主的肥料，可促进春梢生长。秋季开花后，为了恢复树势，补充营养，宜在花后至入冬前在树盘内施入腐熟的厩肥。其间可根据桂花生长情况。施肥1、2次，以速效性氮肥为主，并配合施用磷、钾肥，促进蒙自桂花的树干增长和树冠的扩展。

蕊木（假乌榄树）

Kopsia lancibracteolata Merr.

夹竹桃科（*Apocynaceae*）蕊木属（*Kopsia*）

识别特征

　　常绿乔木，高达15m；枝条无毛，淡绿色。叶革质，卵状长圆形，长8～22cm，略具光泽，顶端急尖，基部阔楔形；侧脉每边10～18条，明显；叶柄长5～7mm。聚伞花序顶生，长约7cm；苞片长7mm，披针形，渐尖，两面被灰色微毛；花萼裂片长圆状披针形，边缘有缘毛，两面被微毛；花冠白色，花冠筒长2.5cm，内面喉部被长柔毛，裂片长圆形；花药长圆状披针形，基部圆；花盘匙形，比心皮长；子房由2个离生心皮组成，被短柔毛，花柱细长，柱头棍棒状，每心皮有胚珠2颗。核果黑色或蓝紫色，椭圆形，长2.5cm，直径1.5cm，顶端圆形；种子1、2粒，长1.5cm，直径5mm。

222

◆**季相变化及物候**：花期 4 ～ 7 月，果期 7 ～ 12 月。

◆**产地及分布**：产我国云南南部、广西南部、广东、海南；印度尼西亚、马来西亚、菲律宾、泰国、越南、澳大利亚等地的石灰岩山疏林、山坡灌丛中，生于海拔 400 ～ 1000m 山地沟谷林中。

◆**生态习性**：喜光，少耐荫，喜温暖湿润气候，不耐寒；不耐旱，较耐水湿，对土壤适应性强，喜疏松肥沃的酸性土壤。

◆**园林用途**：适于公园绿地、单位、小区、工厂、道路等应用，可做园景树、行道树，可孤植对植、丛植、列植、群植。

◆**观赏特性**：花白色，中心红色，松散的聚伞花序顶生枝头，绿影扶疏，朵朵洁白的小花似星星洒落人间，观赏价值高。

◆**繁殖方法**：尚未见报道。

◆**种植技术**：尚未见报道。

水红木

Viburnum cylindricum Buch.-Ham.ex D.Don

忍冬科（*Caprifoliaceae*）荚蒾属（*Viburnum*）

识别特征

常绿小乔木或灌木。冬芽有 1 对鳞片。叶革质，椭圆形至矩圆形或卵状矩圆形，揉之叶片变白色，顶端渐尖或急渐尖，基部渐狭至圆形，全缘或中上部疏生少数钝或尖的不整齐浅齿，下面散生带红色或黄色微小腺点（有时扁化而类似鳞片），近基部两侧各有1 至数个腺体，侧脉 3～5（18）对，弧形；无毛或被簇状短毛。聚伞花序伞形式，花冠白色或有红晕，钟状。果实先红色后变蓝黑色，卵圆形。

◆**季相变化及物候**：花期 6～10 月，果熟期 10～12 月。

◆**产地及分布**：产我国甘肃（文县），湖北西部，湖南西部，广东北部、广西西部至东部，四川西部、西南部至东北部，贵州，云南及西藏东南部；亦分布于印度、尼泊尔、缅甸、泰国和中印半岛。

◆**生态习性**：生于阳坡疏林或灌丛中，海拔500～3300m。

◆**园林用途**：可孤植、丛植与公园、单位小区等地常，也可用于制作盆景。

◆**观赏特性**：树冠球形；叶形美观，入秋变为红色；开花时节，纷纷白花布满枝头；果熟时，累累红果。

◆**繁殖方法**：分株宜在早春萌发前进行，将已生根之枝条与母树分离。压条可在梅雨期前进行，1 个月后可生根，翌春与母树切断分栽。扦插除冬季外随时可以进行。初夏用嫩枝插更易生根，插穗要具 2、3 节，摘除下部芽，并保持较高的空气湿度。

◆**种植技术**：应选择蔽阴处，经常保持土壤湿润，雨季注意排水。种植前先整地，翻土，移栽时最好地面湿润，提高成活率，促使苗木迅速生根发叶，快速生长。花谢后需及时将枝条剪短，促进分生新枝。

火烧花（缅木）

Mayodendron igneum （Kurz） Kurz

紫葳科（*Bignoniaceae*）火烧花属（*Mayodendron*）

识别特征

　　常绿乔木，高可达15m；树皮光滑，嫩枝具长椭圆形白色皮孔。大型奇数2回羽状复叶，长达60cm；小叶卵形至卵状披针形，长8～12cm，宽2.5～4cm，先端长渐尖，基部阔楔形，偏斜，全缘，两面无毛，侧脉5、6对；侧生小叶柄长5mm，顶生小叶柄长达3cm。总状花序有花5～13朵，着生于老茎或侧枝上，花序梗长约2.5～3.5cm；花萼佛焰苞状，外面密被微柔毛；花冠橙黄色至金黄色，筒状，基部微收缩，檐部裂片5，半圆形，反折；雄蕊4，花丝细长，基部被细柔毛，药隔顶端延伸成芒尖；子房长圆柱形，柱头2裂。蒴果长线形，下垂，长达45cm，粗约7mm，2瓣裂，花萼宿存。种子卵圆形，薄膜质，具白色透明的膜质翅。

◆**季相变化及物候**：花期2～5月，果期5～9月。

◆**产地及分布**：产我国台湾、广东、广西、云南南部（思茅、西双版纳、景东、屏边、富宁、元江、双柏）；分布于越南、老挝、缅甸、印度。

◆**生态习性**：喜光，喜温热湿润环境，也能耐干热和半荫；不耐寒冷，忌霜冻；喜土层深厚、肥力中等、排水良好的中性至微酸性土壤，不耐盐碱，在干旱贫瘠土壤上生长缓慢。

◆**园林用途**：是优良的园林绿化树种，可作行道树、园景树、风景树；宜列植于路旁，孤植、散植于庭院、公园，或片植于风景区等处。

◆ **观赏特性**：花朵繁茂，色艳美丽，似火炬，极具观赏价值。繁殖方法：以种子繁育为主。当果皮由青色转为黑褐色，采下去杂洗净后，在适宜季节可即采即播，在冬季天冷时则贮藏至翌年春天播种。由于种子细小，一般采用撒播，播后覆薄土。用撒播，播后覆薄土。播种后在25℃左右的温度下，保持播种床湿润，1周左右发芽。

◆ **种植技术**：宜选择肥沃、湿润的酸性或中性土壤种植。种植前整地，清除草，深翻细作。依据树苗规格合理开挖种植穴，种植穴内施足半腐熟或腐熟有机肥作基肥。带土球移栽，宜随挖随栽，植后浇足定根水。旱季时注意浇水防旱，雨季注意及时排涝。以后每年结合松土除草施复合肥1、2次，即可保持枝繁叶茂。盆栽可用已开花枝嫁接或高压繁育小苗矮化植株，并提前开花。盆栽注意少施氮肥，控制浇水，保持植株缓慢生长，并经常修枝整形，控制株高；较少发生病虫害，易管理。

千张纸（海床、木蝴蝶）

Oroxylum indicum （L.） Kurz

紫葳科（*Bignoniaceae*）木蝴蝶属（*Oroxylum*）

识别特征

常绿小乔木。大型奇数 2～3（4）回羽状复叶，着生于茎干近顶端，长 60～130cm；小叶三角状卵形，长 5～13cm，宽 3～10cm。总状聚伞花序顶生，长 40～150cm，花大，紫红色。蒴果木质，黑绿色，长披针形，扁平，长 40～120cm，宽 5～9cm，厚约 1cm，2 瓣开裂。种子多数，扁圆形，周围具白色透明膜质翅，薄如纸，故有千张纸之称。

◆ **季相变化及物候**：花期 6～10 月，果期 8～12 月。

◆ **产地及分布**：产我国福建、台湾、广东、广西、四川、贵州及云南（西双版纳、新平、凤庆、河口、西畴）；分布于越南、老挝、泰国、柬埔寨、缅甸、印度、马来西亚、菲律宾、印度尼西亚（爪哇）。

◆ **生态习性**：喜光，稍耐半荫；喜温热，高温高湿环境，对冬季的温度的要求很严，在有霜冻出现的地区不能安全越冬；耐干旱瘠薄环境，但在热区肥沃、湿润的环境中生长更好。

◆ **园林用途**：是夏秋季理想的观花和观果植物，可作庭荫树、园景树、风景林树；宜孤植或丛植于庭院、公园、小区等处，片植于景区等地营造风景林。

◆ **观赏特性**：树姿优美，叶大荫浓，花大色艳，是傣族传统食用兼观赏的植物。

◆ **繁殖方法**：以种子繁育为主。果实开裂前采种，去杂晾干收藏；在深秋、早春季或冬季播种，高床育苗；播种前用温水把种子浸泡 12～24h，直到种子吸水并膨胀起来。

◆ **种植技术**：宜选择土层深厚肥沃、湿润，排水良好的地块种植。小苗移栽时，先挖好种植穴，在种植穴底部撒上一层有机肥料作为底肥（基肥），

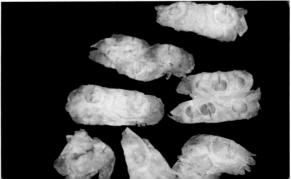

厚度约为 4～6cm，再覆上一层土并放入苗木，以把肥料与根系分开，避免烧根。放入苗木后，回填 1/3 深的土壤，把根系覆盖住、扶正苗木、踩紧；回填土壤到穴口，用脚把土壤踩实，浇透水；浇水后如果土壤有下沉现象，再添加土壤；最后用小竹杆把苗木绑扎牢固，不使其随风摇摆，以利新根生长。春夏两季根据干旱情况，施用 2～4 次肥水；先在根颈部以外30～100cm 开一圈小沟，沟宽、深都为20cm，沟内撒进12.5～25kg有机肥，然后浇上透水。入冬以后开春以前，

照上述方法再施肥一次，但不用浇水。在冬季植株进入休眠或半休眠期，剪除瘦弱、病虫、枯死、过密等枝条。

火焰木（火焰树、喷泉树、火烧花）

Spathodea campanulata Beauv.

紫葳科（*Bignoniaceae*）火焰树属（*Spathodea*）

识别特征

常绿乔木。奇数羽状复叶，对生，连叶柄长达 45cm；小叶 9～17 枚，叶片椭圆形至倒卵形，长 5～9.5cm，宽 3.5～5cm，顶端渐尖，基部圆形，全缘。伞房状总状花序顶生，密集；花序轴长约 12cm，被褐色微柔毛，具有明显的皮孔；花冠一侧膨大，基部紧缩成细筒状，檐部近钟状，具紫红色斑点，裂片 5，外面橘红色，内面橘黄色。蒴果黑褐色，细长圆形，长 15～25cm，宽 3.5cm。

◆**季相变化及物候**：花期 6～11 月，果期 11～3 月。

◆**产地及分布**：原产非洲，现广泛栽培于印度、斯里兰卡；我国广东、福建、台湾、云南均有栽培。

◆**生态习性**：阳性树种，喜光，喜温暖湿润气候；耐热，耐干旱，耐水湿，耐瘠薄，不耐寒；

枝脆不耐风，风大枝条易折断；自然抗逆性强，病虫害少，易移植。栽培以肥沃和排水良好的砂质壤土或壤土为宜。

◆**园林用途**：可作行道树、庭荫树、园景树；宜列植于道路两旁，孤植或散植于庭院、小区、公园或风景区，也可制作盆景。

◆**观赏特性**：是美丽、珍贵的观赏树种，树体高大，树形优美，树冠浓荫，叶翠绿如玉，花红似火，盛花时节红色花在绿叶衬托下格外鲜艳。

◆**繁殖方法**：扦插繁殖。扦插时剪取生长健壮接近成熟的枝条，2、3节为一插穗，长约10～15cm，保留上部叶片。插穗下部的切口应靠近节的下部。基质采用珍珠岩或河砂均可，扦插深度以枝干不倒为宜，密度以叶片不挤不碰为宜。一般30天可生根，生根率可达85%以上。扦插苗生根并长出新叶后，可结合喷水施薄肥，促进扦插苗生长，根系发育完全后即可进行移植。

◆**种植技术**：在春季发叶时或雨季种植，种植穴规格宜为80cm×60cm×60cm，并施基肥回填表土。移栽时可剪去部分枝叶，栽植后，幼树周围设保护支架；加强土壤管理，种植当年松土1、2次，适当追肥。高温及干旱期要注意给幼树补充水分。火焰木对肥料需求不高，生长发育期以复合肥及有机肥为主，每年施肥3～5次。冬季适当整枝，以保持美观树形。

槟榔（宾门、大腹子、青仔）

Areca catechu L.

棕榈科（*Palmae*）槟榔属（*Areca*）

> **识别特征**
>
> 常绿乔木。茎直立，有明显的环状叶痕。叶簇生于茎顶，长1.3～2m，羽状全裂，裂片狭长披针形，长30～60cm，宽2.5～4cm，上部的羽片合生，顶端有不规则齿裂。雌雄同株，肉穗花序生于叶丛之下，花序轴粗壮压扁，多分枝，分枝曲折，长25～30cm。果实长椭圆形，长3～5cm，橙黄色。种子卵形，基部截平。

◆**季相变化及物候**：花期3～4月，果期11月～翌年3月。

◆**产地及分布**：原产马来西亚，我国广东、台湾、海南、云南等地有栽培。

◆**生态习性**：为湿热型阳性植物，喜高温、雨量充沛湿润的气候环境；幼时喜阴，成年后可忍受阳光直射；不耐寒；抗逆性强，以土层深厚，有机质丰富的砂质壤土栽培为宜。

◆**园林用途**：可作园景树、风景林树，宜片植于庭院、公园、广场或景区等处，景观效果极佳。

◆**观赏特性**：树姿优美，茎干通直，叶形优美，果实金黄，极具观赏价值。

◆**繁殖方法**：以种子繁育为主。采下的果实，待果皮稍干燥时，用湿沙层积法成堆积法催芽，

20 天左右发芽，芽长 3cm 时即可播种，种子发芽要求高温、高湿，但不能积水，在日均温 28.6～36.1℃下，经催芽 21 天左右就开始萌芽，31～34 天达盛期，从催芽至萌芽结束约需 42～66 天。

◆**种植技术**：宜选择土层深厚，有机质丰富的砂质壤土种植。云南宜于 5～7 月移栽，播种苗生长约 1 年，高 50～60cm，有 5、6 片叶时便可移栽。移栽后幼龄期需要适量荫蔽以保持土壤湿润，可间种绿肥、药材、经济作物等。如遇天旱，应适当浇水。植后 6～7 年间，每年中耕除草追肥 2、3 次。肥料以人畜粪和绿肥为主，成年树结果后，除施氮肥外，应适当增施磷钾肥，以促进开花结果和增强植株抗寒抗风能力。

长穗鱼尾葵（鱼尾葵、假桃榔、果株）

Caryota ochlandra Hance

棕榈科（*Palmae*）鱼尾葵属（*Caryota*）

识别特征

常绿乔木，具环状叶痕。叶二回羽状全裂，叶长 3～4m；羽片长 15～60cm，宽 3～10cm，互生，羽片厚革质，每边 18～20 枚，侧边的羽片小，状似鱼尾，顶端近扇形，边缘有不规则缺齿；叶鞘巨大，抱茎长约 1m。肉穗花序生于叶腋，花序长 3～3.5m，悬垂，分枝多而成圆锥花序式。果实球形，成熟时红色，直径 1.5～2cm。

◆**季相变化及物候**：花期 4～7 月，果期 7～11 月。

◆**产地及分布**：我国产福建、广东、海南、广西、云南的盈江、耿马、景洪、勐腊、江城、河口、麻栗坡等地区；印度、斯里兰卡、缅甸至中南半岛也有分布。

◆**生态习性**：喜温暖湿润的环境，耐荫，茎干忌曝晒，较耐寒，能耐受短期 -4℃ 的低温霜冻；根系浅，不耐干旱，也不耐水涝；根系发达，生长势强；对土壤的要求不严，但不耐盐碱，喜疏松、肥沃、富含腐殖质的酸性砂质壤土。

◆**园林用途：**可作行道树、庭荫树、园景树；宜列植于道路两旁或建筑物周围，孤植、丛植于庭院、公园、单位、居住小区中，也可盆栽作室内装饰用。

◆**观赏特性：**茎杆挺拔，叶形奇特，姿态潇洒，叶片翠绿，花色鲜黄，果实如圆珠成串，富热带情调，极具观赏价值。

◆**繁殖方法：**以种子繁育为主。一般于春季将种子播于透水通气的砂质壤土为基质的浅盆上，覆盖 5cm 左右基质，置于遮阴度 30% 左右及温度 25℃ 左右的环境中，保持土壤湿润度较高和较高的空气湿度。2～3 个月出苗，第二年春季可移栽。对多年生较大株，可利用根蘖进行分株繁殖，将根基部萌生的蘖芽切下单独栽植，如蘖芽无根，可将其插入砂中，保持一定的湿度，温度保持 25℃ 左右，1 个月后生根。

◆**种植技术：**宜选择疏松肥沃，富含腐殖质的酸性砂质壤土种植。实生苗生长缓慢，以 3～5 年生、株高 1.5～2m 时可移栽，栽后浇透水，遮阴，经常向叶面喷水，保持盆土湿润；定植时施 10～15kg 腐熟有机肥，生长期内每月施 1 次腐熟的稀薄液肥，或每月施 1 次 300 倍尿素、过磷酸钙和氯化钾的液肥；液肥宜傍晚施，次日再浇水。对于下部过密枝、交叉枝应及时疏除，以保持通风透光。每次施肥结合松土除草，利于土壤透气，促进根系生长。

蒲葵（葵树）

Livistona chinensis（Jacq.）R. Br.

棕榈科（*Palmae*）蒲葵属（*Livistona*）

识别特征

常绿小乔木。叶阔肾状扇形，直径达1m多，掌状深裂至中部，裂片线状披针形，基部宽4～4.5cm，顶部长渐尖，2深裂成长达50cm的丝状下垂的小裂片；叶柄长1～2m，下部两侧具骨质钩刺；叶鞘褐色，多纤维。花序呈圆锥状，粗壮，长约1m，总梗上有6、7个佛焰苞，约6个分枝花序，长达35cm，每分枝花序基部有1个佛焰苞。果实椭圆形（如橄榄状），长1.8～2.2cm，直径1～1.2cm，成熟时黑褐色，外被白粉。

◆**季相变化及物候**：花期3～5月，果期8～10月。

◆**产地及分布**：原产我国华南至西南；琉球群岛也有分布。我国长江流域以南各地常见栽培。

◆**生态习性**：蒲葵喜光，稍耐阴；喜高温多湿性气候，适应性强，较耐寒，能耐一定程度的水涝、干旱；喜土地肥沃湿润、富含有机质的中壤至粘壤土；侧根发达，抗风力强。

◆**园林用途**：是多年生的热带和亚热带常绿乔木，可作行道树、庭荫树、园景树；宜孤植、丛植于草地、山坡，列植于道路两旁、建筑周围、河流沿岸等地，也可作工矿区绿化和盆栽植物。

◆**观赏特性**：树形美观，树冠如伞，叶大如扇，树形婆娑。

◆**繁殖方法**：以种子繁育为主。多于秋冬播种，经清洗的种子，先用砂藏层积催芽。挑出幼芽刚突破种皮的种子点播于苗床，播后早则一个月可发芽，晚则60天发芽。苗期充分浇水，避

免阳光直射，苗长至 5～7 片大叶时可移栽。

◆**种植技术**：宜选择土地肥沃湿润、富含有机质的中性粘壤土种植。播种苗 3 年左右，可出掌叶 6、7 片，才移植到大田。每年在春节前、端午、中秋分季节施肥，以氮肥为主。5 月上旬至 9 月中旬每月施两次液肥，其余时间不必追肥。蒲葵适应性强，能耐一定程度的水涝、干旱和 0℃左右的低温。旱季幼苗要注意遮阴，避免阳光直射；应经常向植株喷水。虽有一定的耐涝能力，雨季也应注意排水防涝。每年除草 2、3 次；对病虫害抵抗能力强，病虫害较少。

棕榈（栟榈、棕树）

Trachycarpus fortunei（Hook.）H. Wendl.

棕榈科（*Palmae*）棕榈属（*Trachycarpus*）

识别特征

乔木状，具不易脱落的老叶柄基部和密集的网状纤维。叶大，簇生于树干顶端，掌状分裂成 30～50 片具皱折的线状剑形裂片，裂片宽 5～4cm，长 60～70cm。花单性，黄色，雌雄异株。果实肾形，有脐，长 7～9mm，宽 11～12mm，熟时黑褐色，有白粉。

◆**季相变化及物候**：花期 4～5 月，果期 11～12 月。

◆**产地及分布**：原产我国，北起陕西南部，南到云南、广西、广东，西达西藏边界，东至上海浙江；日本、印度、缅甸也有分布。

◆**生态习性**：喜光，稍耐阴；喜温暖湿润气候，耐寒性极强；耐一定的干旱与水湿；耐轻盐碱，适生于排水良好、湿润肥沃的中性、石灰性或微酸性土壤。抗大气污染能力强，浅根系，须根发达，易风倒，生长慢。

◆**园林用途**：是著名的观赏植物，园林结合生产的理想树种，可作行道树、庭荫树、园景树、风景林树、防护林；宜列植或对植于庭前路边和建筑物旁孤植、丛植于花坛、群植于大草坪，丛植或散植于池旁、庭院中，可片植成风景林，也可作为工厂绿化树种。

◆**观赏特性**：树势挺拔，叶形如扇，适于四季观赏，颇具热带风光韵味。

◆**繁殖方法**：以种子繁育为主。11月果熟后采收，去杂洗净萌干，随采随播，或选高燥处混砂贮藏至翌年春。春播宜早，播前将种子放在草木灰水中浸泡 48～64h，擦去果皮和种子外的蜡质，洗净播种。播后用灰粪和细碎肥沃的土杂粪混合后盖种，不可覆盖过厚，以 2～2.5cm 为度，盖一层稻草防土壤干燥板结。用于园林绿化的至少要培育 7 年以上才宜定植。

◆**种植技术**：宜选择湿润肥沃、排水良好的土壤种植。挖穴深 30～35cm，穴长宽各 40cm，株距 2m，做行道树的株距要在 3m 以上；在穴底填些腐熟的土杂粪或肥土 10～15kg，穴底中央

铺垫土，让其高于四周。起苗时多留须根，小苗可以裸根，大苗需带土球。大苗移栽时宜剪除其叶片1/2，以减少水分蒸发，栽植时，苗茎立于中间高处，须根倾斜伸向四周低处，然后填土踩实，注意不宜栽植过深，移栽后，每2～3年施肥一次，应注意排水防涝。应及时清除树干上的苔藓、地衣、膝蔓等。老叶下垂时及时剪除。

分叉露兜树

Pandanus furcatus Roxb.

露兜树科（*Pandanaceae*）露兜树属（*Pandanus*）

识别特征

　　常绿小乔木或大灌木，常于茎端二歧分枝，具粗壮气根。叶聚生茎端；叶片革质，带状，长1～4m，宽3～10cm，先端内凹变窄，具三棱形鞭状尾尖，边缘具较密的细锯齿状利刺，刺上弯，贴附叶缘，背面沿中脉具较稀疏而上弯的利刺，中脉两边各有1明显凸出的侧脉。雌雄异株；雄花序由若干穗状花序组成，穗状花序金黄色，圆柱状；雌花序头状，具多数佛焰苞。聚花果椭圆形，红棕色；外果皮肉质而有香甜味；核果或核果束骨质，顶端突出部分呈金字塔形。

◆**季相变化及物候**：花期 8 月、果期 11 月~翌年 3 月。

◆**产地及分布**：产我国云南、广东及其沿海岛屿、广西、西藏（南部）；也分布于锡金至中南半岛。

◆**生态习性**：喜光，喜高温、多湿气候，宜用疏松肥沃，排水良好，富含有机质的砂壤土。

◆**园林用途**：重要的园林观赏植物，宜丛植或散植于公园、小区、单位绿地中或园路旁，也可作绿篱和盆栽观赏。

◆**观赏特性**：树形美观，婆娑优美，枝叶细长而略下垂，四季常青，有较高观赏价值。

◆**繁殖方法**：种子繁殖，因其雌雄异株，在成片地栽的植株山，采收的种子方可用于播种育苗。自春末到初夏均为播种适期，种子的发芽适温为 24~28℃，播后 25~39 天发芽，幼苗生长缓慢，应加强肥水管理和遮阴。也可利用分株繁殖。

◆**种植技术**：宜选择在土层深厚、肥沃，通透性良好，光照充足的地方种植。种植前先整地，将育苗地上的杂灌木和草全部清除，开挖种植穴进行定植，浇足水分，种植时，应及时整齐地修剪下部变黄、垂落的叶片，才能充分显示出该植物的独有特色。在生长季节每月浇施一次稀薄的液态肥。入秋后，当气温低于15℃时，则应停止施肥，以免造成植株根系受损。在生长季节要始终保持有足够的水分供应。当空气比较干燥时，要求经常给叶面喷水。在成活后应保证水肥，加强水分灌溉。以后可根据实际情况不定期进行清除杂灌草、修枝扶干整形。

第五部分

落叶小乔木

白缅桂（白兰）

Michelia alba DC.

木兰科（*Magnoliaceae*）含笑属（*Michelia*）

识别特征

落叶乔木。叶薄革质，揉枝叶有芳香，长椭圆形或披针状椭圆形，先端长渐尖或尾状渐尖，基部楔形；托叶痕几达叶柄中部。花白色，极香；花被片10，披针形。聚合果，蓇葖熟时鲜红色。

◆ **季相变化及物候**：花期4～9月，夏季盛开，通常不结实。

◆ **产地及分布**：原产印度尼西亚爪哇，现广植于东南亚；我国福建、广东、广西、云南等省区栽培极盛。

◆ **生态习性**：性喜日照充足、暖热湿润和通风良好的环境，不耐阴，也不耐酷热和灼日。怕寒冷，冬季温度不可低于5℃。最忌烟气。由于根系肉质、肥嫩，既不耐干又不耐湿，尤忌渍涝。喜富含腐殖质、排水良好、疏松肥沃、带酸性的砂质土壤，木质较脆，枝干易被风吹断。

◆ **园林用途**：可孤植、丛植、列植或群植。做庭荫树、园景树、行道树均能形成良好的景观效果。

◆ **观赏特性**：花洁白清香，花期长，叶色浓绿。

◆ **繁殖方法**：嫁接繁殖。以切接和靠接为主。靠接可在2～3月选择干粗0.6cm的黄兰或紫玉兰作砧木上盆，到4～9月靠接。选取与砧木粗细相同的白兰花枝条作接穗，将砧木和接穗的皮层和部分木质部削去6cm的长度（削面要光滑），再将两个削面的形成层对齐并紧密合在一起，用塑料带扎紧。接后约经过50天，嫁接部位愈合，即可与母株切离。新植株应先放在有遮蔽的地方，傍晚揭开遮盖物，注意防风，以免在嫁接处折断。切接，可采用1～2年生粗壮的紫玉兰作砧木，于3月中旬的晴天进行。约经过20～30天后，顶芽抽发叶片。6月上旬开始施薄肥，到9月下旬停止施肥。

◆**种植技术：** 富含腐殖质和排水通气良好的酸性土壤。种植前先整地，清理杂草，后挖种植穴。定植后要注意水肥管理，一般每年在 4 月下旬到 5 月上旬松土施肥。浇水是栽培好白兰花的技术要点，春季浇水隔日 1 次，但每次必须浇透。夏季根据下雨情况确定浇水次数。秋季每隔 2～3天浇一次透水，冬季要控制浇水，保持土壤湿润即可。白兰花枝叶繁茂，花期较长，每月施 1 次腐熟饼肥水，花前还需补充磷、钾肥，以利于萌发新叶和促进开花。生长期经常剪去病枝、枯枝、徒长枝和摘除部分老叶，以抑制树势，促进花蕾孕育。

大花紫薇（大叶紫薇）

Lagerstroemia speciosa （L.） Pers.

千屈菜科（*Lythraceae*）紫薇属（*Lagerstroemia*）

识别特征

　　落叶小乔木或灌木。叶革质，矩圆状椭圆形或卵状椭圆形，稀披针形，甚大，长 10～25cm，宽 6～12cm，顶端钝形或短尖，基部阔楔形至圆形，两面均无毛；侧脉 9～17 对，在叶缘弯拱连接。花淡红色或紫色，直径 5cm，顶生圆锥花序长 15～25cm，花轴、花梗及花萼外面均被黄褐色糠粃状的密毡毛。蒴果球形至倒卵状矩圆形，长 2～3.8cm。

◆ **季相变化及物候**：花期 5～9 月，果期 10～11 月。

◆ **产地及分布**：原产于斯里兰卡、印度、马来西亚、越南及菲律宾；我国云南、广东、广西、香港、海南、台湾及福建均有栽培。

◆ **生态习性**：喜阳光而稍耐阴，喜温暖湿润，有一定的抗寒力和抗旱力。喜生于石灰质土壤。

◆ **园林用途**：大花紫薇可做园景树、行道树、遮阴树，适于各式庭院、校园、公园、娱乐区、庙宇等地，可孤植、列植、群植。

◆ **观赏特性**：大花紫薇枝叶茂盛，花色艳丽，花朵硕大，盛开时节十分美丽。

◆ **繁殖方法**：用播种、扦插、分蘖等法繁殖。一般采用春播，实生苗当年便可开花，新老枝，甚至老干均能扦插成活，成活率可达 90%～95%。春季施基肥，5～6 月施追肥。大花紫薇要重剪，以促进萌发粗壮而较长的枝条，从而达到满树繁花的效果。在多湿的气候条件下易染煤污病和白粉病。

◆ **种植技术**：栽植大花紫薇应选择土层深厚、土壤肥沃、排水良好的背风向阳处。大苗移植要带土球，并适当修剪枝条，否则成活率较低。栽植穴内施腐熟有机肥作基肥，栽后浇透水，3 天后再浇 1 次。成活后进行常规的植株管理，其性强健，易于栽培，对土壤要求不严，但栽种于深厚肥沃的砂质壤土中生长最好。要及时剪除枯枝、病虫枝，并烧毁。为延长花期，应适时剪去已开过花的枝条，使之重新萌芽，长出下一轮花枝。

柽柳

Tamarix chinensis Lour.

柽柳科（*Tamaricaceae*）柽柳属（*Tamarix*）

识别特征

　　落叶小乔木。叶鲜绿色，从去年生木质化生长枝上生出的绿色营养枝上的叶长圆状披针形或长卵形；上部绿色营养枝上的叶钻形或卵状披针形，半贴生，先端渐尖而内弯，基部变窄，背面有龙骨状突起。总状花序侧生在去年生木质化的小枝上，花大而少；花瓣5，粉红色，通常卵状椭圆形或椭圆状倒卵形。蒴果圆锥形。

◆ **季相变化及物候**：花期4～9月。

◆ **产地及分布**：原产我国辽宁、河北、河南、山东、江苏（北部）、安徽（北部）等省；栽培于我国东部至西南部各省区。

◆ **生态习性**：属阳性树种。耐高温和严寒；不耐遮阴。柽柳对土壤要求不严，既耐干旱，又耐水湿和盐碱。

◆ **园林用途**：适于孤植、群植、片植于公园绿地、庭院、单位小区、水边等处或作造林树种。

◆ **观赏特性**：枝条细柔，姿态婆娑，开花如红蓼，颇为美观。

◆ **繁殖方法**：扦插繁殖、播种繁殖、压条繁殖。扦插育苗选用直径1cm左右的1年生枝条作为插条，剪成长25cm左右的插条，春季、秋季均可扦插。采用平床扦插，床面宽1.2m、行距

40cm、株距 10cm 左右。也可以丛插，每丛插 2、3 根插穗。扦插前可用 ABT 生根粉 100mg/kg 浸泡 2h 左右一提高成活率。扦插后立即灌水，以后每隔 10 天灌水 1 次，成活率可达 90% 以上。苗出齐后，可以减少灌溉次数，加大灌溉量。

◆**种植技术**：苗期管理出苗期间要注意浇水，每隔 3 天浇 1 次小水，保持土壤湿润；实生苗 1 年可长到 50 ～ 70cm，可移栽培育大苗。小乔木状选择直立性强的枝作主干培养，其他枝条全部疏除。对选留的枝短截，高度保持在 40cm 左右，在其上选择直立性强的枝作主干延长枝培养。长至一定高度后，在其上选择两三个分布均匀的枝条作主枝，秋末对主枝进行短截，培养侧枝，对侧枝上的无用枝及时疏除。经过几年的培养，基本树形就可以形成。在以后的管理中只需将冗杂枝、过密枝、病虫枝和过低枝疏除。

梧桐（青桐）

Firmiana platanifolia（L. f.） Marsili

梧桐科（*Sterculiaceae*）**梧桐属**（*Firmiana*）

识别特征

落叶乔木。小枝粗壮有明显叶痕。叶心形，掌状 3 ～ 5 裂，直径 15 ～ 30cm，裂片三角形，顶端渐尖，基部心形，基生脉 7 条，叶柄与叶片等长。圆锥花序顶生，长约 20 ～ 50cm，花淡黄绿色。蓇葖果膜质，有柄，成熟前开裂成叶状，长 6 ～ 11cm，宽 1.5 ～ 2.5cm，每蓇葖果有种子 2 ～ 4 个。

◆**季相变化及物候**：花期 5 ～ 6 月，果期 9 ～ 10 月。

◆**产地及分布**：分布于日本，我国南北各省均有分布，多为人工栽培。

◆**生态习性**：喜光，喜温暖湿润气候，耐寒性不强；喜肥沃、湿润、深厚而排水良好的土壤，在酸性、中性及钙质土上均能生长，但不宜在积水洼地或盐碱地栽种。不耐草荒，积水易烂根，受涝 5 天即可致死；萌芽力强，但不耐修剪。对有毒气体有较强抗性。

◆**园林用途**：是优良的庭院观赏树种，可作行道树、庭荫树、园景树、防护林树；宜列植于道路旁，孤植、丛植于草坪、庭院、宅前、坡地、湖畔，还可用作居住区、工厂绿化。

◆**观赏特性**：叶掌状，裂缺如花；夏季淡黄绿色的小花，盛开时鲜艳而明亮。民间传说，凤凰喜欢栖息在梧桐树上，体现人们对美好生活的一种希望。

◆**繁殖方法**：以种子繁育为主。秋季果成熟采收，晒干脱粒后秋播种，可砂藏至翌年春播种。播前先用温水浸种催芽，条播行距 25cm，覆土厚约 1.5cm。砂藏种子发芽较整齐，播后 4～6 周发芽。

◆**种植技术**：宜选择土壤湿润、肥沃，排水良好，地势高燥处种植。播种后的苗木正常管理下，当年生苗高可达 50cm 以上，翌年春进行移植，移植时适当断根，促发其侧根，以利于以后移植成活，裸根移植时可将轮生枝交互剪出，以减少消耗，三年生苗即可出圃定植。大苗移植时，宜在春季，分段疏剪轮生弱枝及小枝。梧桐栽培容易，管理简单，省水，一般不需要特殊修剪。种植穴内施入基肥，定干后，用蜡封好锯口；入冬和早春各施肥、浇水一次，冬季注意注意防寒，4～5 年可安全越冬。注意病虫害的防治，其中梧桐裂头木虱，只危害梧桐树，可采用在危害期喷清水冲掉絮状物，消灭许多幼虫和成虫，在早春季节喷 65% 肥皂石油乳剂 8 倍液防其越冬卵。

木芙蓉

Hibiscus mutabilis Linn.

锦葵科（*Malvaceae*）木槿属（*Hibiscus*）

识别特征

落叶小乔木或灌木。小枝、叶柄、花梗和花萼均密被星状毛与直毛相混的细绵毛。叶宽卵形至圆卵形或心形，直径10～15cm，常5～7裂，裂片三角形，先端渐尖，具钝圆锯齿，上面疏被星状细毛和点，下面密被星状细绒毛；主脉7～11条；叶柄长5～20cm。花单生于枝端叶腋间，花梗长约5～8cm，近端具节；花初开时白色或淡红色，后变深红色，直径约8cm，花瓣近圆形，直径4～5cm。蒴果扁球形，直径约2.5cm，被淡黄色刚毛和绵毛，果片5。

◆**季相变化及物候**：花期8～10月。

◆**产地及分布**：原产我国湖南，辽宁、河北、山东、陕西、安徽、江苏、浙江、江西、福建、台湾、广东、广西、湖南、湖北、四川、贵州和云南等省区；日本和东南亚各国也有栽培。

◆**生态习性**：属阳性树种，喜温暖湿润，稍耐半阴，有一定的耐寒性。对土壤要求不严，但在肥沃、湿润、排水良好的砂质土壤中生长最好。

◆**园林用途**：适于孤植、丛植于墙边、路旁、厅前等处。特别宜于配植水滨，开花时波光花影，相映益妍，分外妖娆，此外也合适，植于庭院、坡地、路边、林缘及建筑前，或栽作花篱。

◆**观赏特性**：木芙蓉随光照强度不同，表现出不同的颜色，且花期长，花朵硕大，甚为美观。

◆**繁殖方法**：扦插、分株或播种繁殖。扦插以2～3月为好，选择湿润砂壤土或洁净的河砂，以长度为10～15cm的1～2年生健壮枝条作插穗。插前将插穗底部在浓度为3～4g/L的高锰酸钾溶液中浸泡15～30min。扦插的深度以穗长的2/3为好。插后浇水后覆膜以保温及保持土壤湿润，约1个月后即能生根。

◆**种植技术**：宜选择通风良好、土质肥沃之处，尤以邻水栽培最好。木芙蓉的日常管理容易，天旱时应注意浇水，春季萌芽期需多施肥水，花期前后应追施少量的磷、钾肥。每年冬季或春季可在植株四周开沟，施些腐熟的有机肥，以利植株生长旺盛，花繁叶茂。在花蕾透色时应适当扣水，使养分集中在花朵上。其长势强健，萌枝力强，枝条多而乱，应及时修剪、抹芽。木芙蓉耐修剪，根据需要将其修剪成乔木状，又可修剪成灌木状。修剪宜在花后及春季萌芽前进行，剪去枯枝、弱枝、内膛枝，以保证树冠内部通风透光良好。

乌桕

Sapium sebiferum （L.）Roxb.

大戟科（*Euphorbiaceae*）乌桕属（*Sapium*）

识别特征

落叶乔木，各部均无毛而具乳状汁液。叶长 3 ～ 8cm，宽 3 ～ 9cm，单叶互生，纸质，菱形、菱状卵形或稀有菱状倒卵形，顶端骤然紧缩具长短不等的尖头，基部阔楔形或钝，全缘；中脉两面微凸起，侧脉 6 ～ 10 对；叶柄顶端具 2 腺体。花单性，雌雄同株，聚集成顶生、长 6 ～ 12cm 的总状花序。蒴果梨状球形，成熟时黑色，直径 1 ～ 1.5cm。具 3 种子，外果皮木质至厚革质种子球形，黑色，外被白色、蜡质的假种皮。

◆ **季相变化及物候**：花期 4 ～ 8 月，果期 10 ～ 11 月，叶变色期为 11 ～ 12 月，落叶期 12 ～翌年 1 月。

◆ **产地及分布**：在我国主要分布于黄河以南各省区，北达陕西、甘肃；日本、越南、印度有分布；欧洲、美洲和非洲亦有栽培。

◆ **生态习性**：喜光，不耐阴，喜温暖环境，不甚耐寒，对土壤要求不高，适生于深厚肥沃、含水丰富的土壤。

◆ **园林用途**：可用作行道树、庭荫树、园景树，可孤植于庭院，孤植、丛植、片植于公园中。

◆ **观赏特性**：树冠整齐，叶色秀丽，入秋后红艳美观不亚于枫树；冬天白色的乌桕子挂满枝头经久不落，颇为美观。

◆ **繁殖方法**：种子繁殖或嫁接繁殖。种子秋季果壳呈黑褐色时采收，暴晒脱粒后干藏，于次年早春播种，也可冬播。嫁接繁殖用乌桕优良品种的母树树冠中上部的 1 ～ 2 年生健壮枝作接穗，1 ～年生实生苗作砧木，嫁接天气以阴天为好，避开雨天、大风干燥的晴天，2 ～ 3 月用切腹接法较好。

◆ **种植技术**：宜选择光照充足，土壤肥沃、含水丰富的种植。种植前整地，清除杂草，挖定植穴。做道路绿化时株距 5m 为宜，定植穴规格以 70cm×70cm×50cm 为宜，结合施基肥，每株施腐熟厩肥或土杂肥 15 ～ 20kg 或饼肥 10 ～ 20kg 或多元复合肥 0.15 ～ 0.5kg。植后浇透定根水，并注意栽后水肥管理。每年 3 月上旬结合松土、除草进行第一次施肥，第二次施肥在 7 月进行。乌桕生长中常见的病虫害有苗木白绢病、紫纹羽病、乌桕蚜、金带蛾等。

冬樱花

Cerasus cerasoides（D. Don）Sok.

蔷薇科（*Rosaceae*）樱属（*Cerasus*）

识别特征

　　落叶乔木。单叶互生，叶倒卵状长椭圆形或长圆形，先端尾尖，缘具重锯齿，齿端有小腺体，侧脉 10 ～ 15 对。先花后叶，伞形总状花序，有花 1 ～ 9 朵簇生；萼筒钟状，红色；花瓣 5 枚，卵圆形，先端圆钝或微凹，花粉红色至深红色。核果卵圆形，熟时紫黑色。

◆**季相变化及物候**：花期 11 月～翌年 1 月，花先叶开放或花叶同放；果期 3 ～ 5 月。

◆**产地及分布**：冬樱花天然分布以云南为中心，向南延伸至尼泊尔、锡金、不丹等国。在云南广泛分布于大理、保山、楚雄、玉溪、普洱、临沧、红河、文山等地州，西藏、广西亦有分布。

◆**生态习性**：阳性树种，喜温暖湿润气候；冬樱花虽能忍耐荫庇环境，但在其生长发育时期则需要充足的光照；阳光充足时，生长快且花繁而艳，反之则生长不良，花朵稀少；它对土质不甚选择，以排水良好的肥沃的砂质酸性土壤为佳，不耐积水。

◆**园林用途**：可作为行道树、庭院树、公园树、风景林树；可孤植、列植、丛植或群植。

◆**观赏特性**：树体高大挺拔，枝繁叶茂，姿态硬朗，花期在物凋零的寒冬季节，11 月中旬

到 1 月上旬为盛花期，应圣诞和元旦两个节日，团簇花相，花感强烈，盛开之际花朵红瓣点点，满树繁英灿烂；其叶初发时为紫红色，舒展后呈黄绿色，秋季又逐渐变为黄色。

◆**繁殖方法**：果实一般 4 ～ 5 月成熟，选择生长健壮、花期时开花数量较多的母株，采收后洗净即可播种，种子发芽率高，并且小苗生长较快，出苗后全光照防徒长。

◆**种植技术**：平地、坡地可单独建园，地埂、田边也可种植，在通风透光较好的乔木果树行间也可间作。在 6 ～ 9 月进行栽植，在整好、翻好的地块上挖深 50cm，宽 40cm 的坑，坑内填入与有机肥混合的表土，苗子入坑内边填土边踩实，深度保持原苗的根茎部位与地表一致。一般每年宜追肥三次，分别在开花前、果实膨大期和采收后进行。根施以果树复合肥为好，每次追肥应结合浇水进行，果实膨大后期还应叶面追肥二次以上，叶面喷施可选用尿素、磷酸二氢钾、有机铁肥等，以弥补果实发育对养分的急需。春季浇水次数宜少，每次需浇透。

云南樱花

Cerasus cerasoides （D.Don） Sok var.rubra Yu

蔷薇科（*Rosaceae*）**樱属**（*Cerasus*）

识别特征

　　落叶小乔木。叶片披针形至卵状披针形，先端渐尖，基部圆形，边有尖锐单锯齿或重锯齿，齿端有小腺体，叶片茎部有 3 ～ 5 个腺体，上面深绿色，疏被柔毛。花单生或有 2 朵，花叶同开，花直径约 1 ～ 3cm；半重瓣；花瓣粉红至红色，倒卵状椭圆形，先端圆钝。核果成熟时紫红色，卵圆形。

◆ **季相变化及物候**：花期2～3月。

◆ **产地及分布**：产我国云南、四川、西藏。

◆ **生态习性**：属阳性树种，喜光，喜温暖湿润的气候，对土壤要求较不严格，一般以肥力中等土壤均能生长，但以土层深厚、排水良好的酸性土最好。

◆ **园林用途**：可孤植、丛植于庭院、草坪边、水边或做行道树，更宜片植形成樱花专类园。

◆ **观赏特性**：盛花时红花满树，花团锦簇，十分艳丽，比日本樱花更富观赏性。

◆ **繁殖方法**：嫁接或扦插繁殖。嫁接繁殖以冬樱花或山樱桃做砧木。冬樱花4～5月成熟，采后即播，以培育实生苗作嫁接之用。于6～9月切接或芽接，接活后经3～4年的培育，可出圃栽种。樱花也可高枝换头嫁接，将削好的接穗，用劈接法插入砧木，用塑料袋缠紧，套上塑料袋以保温防护，成活率高，可用来更换新品种。扦插在夏季用当年生嫩枝。扦插可用NAA处理，苗床需遮阴保湿与通气良好的介质如河砂、泥炭、花泥等，生根前注意保湿。

◆ **种植技术**：云南樱花移植宜在冬季带土进行。每株施腐熟堆肥10～15kg。营养生长期亦要视情况浇水，除草。花后或早春发芽前，需剪去枯枝、病弱枝、徒长枝，进行整形修剪，以培养优美的冠形。基于花芽是由顶芽和枝条先端的几个侧芽分化而形成的，因此对花枝不应进行短截，从而形成高大茂密的观花树体。害虫有红蜘蛛、介壳虫、卷叶蛾等。

毛叶木瓜（木瓜海棠）

Chaenomeles cathayensis Schneid

蔷薇科（*Rosaceae*）樱属（*Cerasus*）

识别特征

　　落叶乔木，具短枝刺。叶长 5～11cm，宽 2～4cm，单叶互生，椭圆形、披针形至倒卵披针形，顶端急尖或渐尖，基部楔形至宽楔形，边缘有芒状细尖锯齿，上半部有时形成重锯齿，下半部锯齿较稀，有时近全缘。花先叶开放，2、3 朵簇生于二年生枝；花瓣倒卵形或近圆形，淡红色或白色。梨果卵球形或近圆柱形，长 8～12cm，宽 6～7cm，顶端有突起，黄色有红晕，味芳香。

◆ **季相变化及物候**：花期 2～5 月，果期 8～10 月。

◆ **产地及分布**：产我国陕西、甘肃、江西、湖北、湖南、四川、云南（昆明、易门、维西）、贵州、广西。

◆ **生态习性**：喜光，喜温暖湿润气候，也耐寒，对土壤要求不严，但在排水良好的酸性土壤中生长最好。

◆ **园林用途**：可用作园景树，可孤植独树成景，也可成片种植。

◆ **观赏特性**：树姿优美，花粉红色、白色或红色，花开时节春花烂漫，果熟时期香气四溢，是良好的观花观果树种。

◆ **繁殖方法**：以扦插繁殖为主，也可压条、嫁接繁殖。通常在 7～8 月份，取半木质化枝，截作 20cm 一段，上部切口要光滑无劈裂，留 1、2 叶片。按 3cm×5cm 的株行距在苗床中扦插。通常 30 天左右产生愈伤组织，陆续生根。

◆ **种植技术**：宜选择光照充足，土层深厚、肥沃疏松的微酸性土壤中种植。种植前先整地，将育苗地上的杂灌木和草全部清除，然后挖定植穴。株行距以 2m×2m 为宜，定植穴规格以 60cm×60cm×50cm 为宜。定植后浇足定根水，并做好抚育管理工作。每年中耕除草 2、3 次，生长期页面喷施 0.3% 的磷酸二氢钾 2、3 次，6～9 月追施 1、2 次复合肥，每株 0.2kg，及时修剪枝叶，清除落叶枯枝。

山楂

Crataegus pinnatifida Bge.

蔷薇科（*Rosaceae*）山楂属（*Crataegus*）

识别特征

　　落叶乔木；刺长约 1～2cm。叶长 5～10cm，宽 4～7.5cm，单叶互生，宽卵形或三角状卵形，稀菱状卵形，顶端短渐尖，基部截形至宽楔形，通常两侧各有 3～5 羽状深裂片。伞房花序具多花，直径 4～6cm；花瓣倒卵形或近圆形，白色。梨果近球形或梨形，直径 1～1.5cm，深红色，有浅色斑点。

◆**季相变化及物候：**花期 4～6 月，果期 8～10 月。

◆**产地及分布：**产于我国黑龙江、吉林、辽宁、内蒙古、河北、河南、山东、山西、陕西、

江苏；朝鲜和苏联西伯利亚也有分布。

◆**生态习性**：喜阴，耐寒耐旱，对土壤要求不高，但在排水良好、湿润的微酸性土壤中生长最好。

◆**园林用途**：可用作庭荫树和园景树，可作绿篱或孤植、丛植于庭院、公园草坪。

◆**观赏特性**：树冠整齐，花繁叶茂，秋季鲜红的果实挂满枝头，艳丽悦目，非常诱人，是良好的观果树种。

◆**繁殖方法**：以种子繁殖为主，也可嫁接繁殖。果熟时采果堆放，待果肉后熟软化后捣烂取种，在背阴高燥处层积沙藏，翌年春天播种。

◆**种植技术**：宜土层深厚、土壤微酸性、肥沃疏松的半阴坡种植。种植前先整地，将育苗地上的杂灌木和草全部清除，然后挖定植穴。株行距可选择 2m×2m、2m×3m 或 3m×3m，定植穴规格以 80cm×80cm×（50～60cm）为宜。每个定植穴施 20kg 骡马肥与土混合拌匀在穴底铺垫 45cm 厚，定植后浇足水。做好水肥管理，每年追肥 2、3 次，每次每株追碳铵 0.2kg，施肥时结合中耕松土，并适当修剪枝叶。山楂易患病虫害有白粉病、食叶毛虫金和天牛等。

棠梨（川梨）

Pyrus pashia D. Don

蔷薇科（*Rosaceae*）梨属（*Pyrus*）

识别特征

　　落叶乔木，枝条有刺。单叶互生，叶长4～7cm，宽2.5～4cm，叶片卵形至长卵形，稀长椭卵形，顶端渐尖，稀急尖，基部圆形，边缘有钝锯齿，稀顶端有少数细锐锯齿，侧脉5～10对；叶柄长2.5～5cm。伞形总状花序，花白色，有花3～6朵，花直径2～2.5cm。果实卵球形或椭圆形，直径1～1.5cm，有稀疏斑点，萼片宿存。

◆ **季相变化及物候期**：花期2～4月，果期7～10月。

◆ **产地及分布**：产我国云南各地。生山坡、灌木丛中，海拔500～2000m。

◆ **生态习性**：喜光，稍耐荫，耐寒，耐干旱、瘠薄。对土壤要求不严，在碱性土中也能生长。抗病虫害能力较强。生长较慢。

◆ **园林用途**：在公园绿化中可孤植应用，如草坪边缘、花坛中心、廊亭角隅、角落向阳处及门口两侧等，或在公园水边、池畔、篱边、假山下、土堆旁栽植，配以草坪或地被花卉。亦适宜作庭院栽培以及观光果园应用。

◆ **观赏特性**：花色洁白、秀雅，春可观花，夏可蔽荫，秋可食果，冬可赏姿。每当春季来临，茂盛的棠梨花竞相怒放，秋季黄色的棠果缀满枝条，增添一道靓丽的风景。

◆ **繁殖方法**：种子繁殖。果实成熟后采种，用石灰水浸泡后，洗净晾干，砂藏。种子经过一个冬季的贮藏催芽，2～3月播种。

◆ **种植技术**：全年均可进行移栽种植，栽前进行场地平整，提前一天开挖种植穴并浇透水。定植后覆土压实、浇透水，并避免主干歪斜。之后应保持土壤湿润，为提高种植成活率，可适当用遮阴网遮光。

腊肠树（阿勃勒、牛角树、波斯皂荚）

Cassia fistula Linn.

苏木科（*Caesalpiniaceae*）决明属（*Cassia*）

识别特征

　　落叶乔木，高达 15m。偶数羽状复叶，叶长 30～40cm，有小叶 3、4 对，对生，卵形或长圆形，长 8～13cm，宽 3.5～7cm，顶端短渐尖而钝，基部楔形，边全缘。总状花序长达 30cm 或更长，疏散，下垂；花与叶同时开放，直径约 4cm；花瓣黄色，倒卵形。荚果圆柱形，长 30～60cm，直径 2～2.5cm，黑褐色，不开裂，有 3 条槽纹。

◆**季相变化及物候**：花期 5～8 月，果期 10～11 月。

◆**产地及分布**：原产于南亚南部，从巴基斯坦南部往东直到印度及缅甸，往南直到斯里兰卡；

我国的南部、西南部等地均有栽培。

◆**生态习性**：为喜温树种，稍耐阴，适于气候温暖、湿润地区；有霜冻害地区不能生长，能耐最低温度为 -3℃；喜湿润肥沃的中性冲积土，以砂质壤土最佳，忌积水，排水、日照需良好，在干燥瘠薄壤土上也能生长，抗风性强。

◆**园林用途**：是南方常见的庭园观赏树木，可作行道树、庭荫树、园景树、风景林树；宜列植于道路两旁，孤植、丛植于庭院、草坪中，也宜片植成风景林树。

◆**观赏特性**：盛花时，满树披挂金黄色的花串，款款下垂，临风摇曳，花瓣随风而如雨落，所以又名"黄金雨"，极为美观；果实长圆柱形的荚果，成熟时黑褐色，好象一根根煮熟了的腊肠挂在树枝上，极具景观效果。

◆**繁殖方法**：以种子繁殖为主。种子成熟时，宜选 8 ～ 10 年的母树采种，采回捣烂果皮取出种子；宜在春季播种育苗，播前用浓硫酸处理种子 10min，然后用清水搓洗、再浸泡 24h，捞起置于盆中；或用 60 ～ 80℃的温水浸种 48h，经催芽后及时播种。

◆**种植技术**：宜选择水源充足、排水良好并具有遮阴条件的缓坡地种植。栽植最好在阴雨天，清除地块内杂草，以 2m×2m 株行距开穴，植穴规格 50cm×50cm×40cm，每穴施腐熟农家肥 10 ～ 15kg 与表土混合作基肥。栽植时覆土后轻轻往上提，使根系舒展，踏实，填土应略高于地面，以防积水，晴天应淋足定根水。定植后一年内注意松土除草；每季施肥一次，并注意浇水，成株后则甚粗放。每年开花过后修剪一次，春季不宜修剪。

紫荆（裸枝树、紫珠）

Cercis chinensis Bge.

苏木科（*Caesalpiniaceae*）紫荆属（*Cercis*）

识别特征

落叶乔木。叶长 5 ～ 10cm，单叶互生，纸质，近圆形或三角状圆形，顶端急尖，基部浅至深心形。花紫红色或粉红色，2 ～ 10余朵成束，簇生于老枝和主干上，尤以主干上花束较多，越到上部幼嫩枝条则花越少，先于叶开放。荚果长 4 ～ 8cm，宽 1 ～ 1.2cm，扁狭长形，绿色，翅宽约 1.5mm，顶端急尖或短渐尖，喙细而弯曲，基部长渐尖，两侧缝线对称或近对称。

◆**季相变化及物候**：花期 3 ～ 4 月，果期 8 ～ 9 月。

◆**产地及分布**：产我国东南部，北至河北，南至广东、广西，西至云南（各地均有，滇南较少）、四川，西北至陕西，东至浙江、江苏和山东等省区。

◆**生态习性**：阳性树种，喜光，有一定的耐寒力，对土壤要求不高，耐贫瘠，但不耐淹，喜肥沃、排水良好的土壤。

◆**园林用途**：可用作庭荫树和园景树，宜孤植、丛植于庭院、建筑物前及草坪边缘、列植于道路两侧等。

◆**观赏特性**：树形优美，叶片心形，圆整而有光泽，早春时开花，枝干上布满紫花，极富诗情画意。是良好的观叶、观花树种。

◆**繁殖方法**：可种子繁殖，也可压条繁殖。种子繁殖可在果熟期收集成熟荚果，取出种子，埋在干砂中放置于阴凉处，次年春天播种，播前用60℃温水浸泡种子，水凉后继续3～5天，每天换水1次，待种子膨胀后放于15℃环境中催芽，待露白后播于苗床，2周即可出苗。压条繁殖可在3～4月选取1～2年生枝条环剥树皮1.5cm宽，将生根粉液涂在刻伤部位上方3cm，干后用桶状塑料袋套在刻伤处，装满土，浇水后两头扎紧，生根后剪下另植。

◆**种植技术**：宜选择光照充足，土层深厚、肥沃疏松的地方种植。种植前整地，清除杂草，挖定植穴规格以50cm×50cm×50cm为宜。每个定植穴施10kg厩肥，栽后浇透水，以保证成活。紫荆在生长期应适时中耕松土，每年早春、夏季、秋后各施一次腐熟有机肥，以促进开花和花芽形成，每次施肥后都要浇一次透水，以利于根系吸收。紫荆病虫害不多，幼时易患立枯病，可用波尔多液防治，虫害易患刺蛾、大蓑蛾、金龟子、天牛等。

垂柳（清明柳）

Salix babylonica L.

杨柳科（*Salicaceae*）柳属（*Salix*）

识别特征

　　落叶乔木，枝细，下垂。叶长9～16cm，宽0.5～1.5cm，狭披针形或线状披针形，顶端长渐尖，基部楔形两面无毛或微有毛。花序先叶开放，或与叶同时开放；雄花序有短梗，轴有毛。蒴果长3～4mm，种子有白毛。

◆**季相变化及物候**：花期2～3月，果期3～4月。

◆**产地及分布**：产长江流域与黄河流域，其他各地均栽培；在亚洲、欧洲、美洲各国均有引种。

◆**生态习性**：喜光，较耐寒，特耐水湿，喜温暖湿润气候，对土壤要求不高，但在土层深厚，肥沃潮湿的酸性及中性土壤中生长更好。

◆**园林用途**：可用作园景树、风景林树，也是防风、固沙、护堤的重要树种，适宜植于水滨、池畔、桥头、河岸。

◆**观赏特性**：树形高大，树姿优美，发芽早、落叶晚，枝条柔软，纤细下垂，微风吹来，自然潇洒，妩媚动人，是良好的观形树种。

◆**繁殖方法**：以扦插繁殖为主，也可种子繁殖。扦插繁殖可在早春选择生长健壮、姿态优美的雄株作为采条母株，剪取2～3年粗壮枝条，截成16cm左右长作插穗。以株行距20cm×30cm直插入苗床，保持土壤湿润。

◆**种植技术**：宜选择光照充足，土层深厚、肥沃湿润的酸性土壤中种植。种植前整地，清除杂草，作四旁绿化单行栽植株距以4～6m为宜，垂柳根系发达，种植穴规格以100cm×100cm×80cm为宜。穴底施腐熟肥为基肥，与表土拌匀回填。定植后浇足定根水，定植

后前几年每年 2 次除草、除杂、松土、扩穴、追肥，追肥以尿素为主。垂柳易患病虫害有金花虫、蚜虫、腐烂病和溃疡病。金花虫和蚜虫的防治可在喷洒 20% 灭幼脲 3 号 2000 倍液；腐烂病和溃疡病的防治，发病较轻时可在枝干病斑上纵横相间 0.5cm，割深达木质部的刀痕，然后喷涂 5% 苛性钠水溶液、（1:10）～（1:12）的苏打水、70% 托布津 200 倍液、不脱酚乳油、蒽油等，对于发病较重的植株要及时拔除，并集中烧毁。

拐枣

Hovenia acerba Lindl.

鼠李科（*Rhamnaceae*）枳椇属（*Hovenia*）

识别特征

落叶乔木或灌木。叶纸质或厚膜质，卵圆形、宽矩圆形或椭圆状卵形，长 7 ～ 17cm，宽 4 ～ 11cm，顶端短渐尖或渐尖，基部截形，少有心形或近圆形，边缘有不整齐的锯齿或粗锯齿，稀具浅锯齿，无毛或仅下面沿脉被疏短柔毛；叶柄长 2 ～ 4.5cm。花黄绿色，直径 6 ～ 8mm，排成聚伞圆锥花序；浆果状核果近球形，直径 6.5 ～ 7.5mm，无毛，成熟时黑色；花序轴结果时稍膨大。种子深栗色或黑紫色，直径 5 ～ 5.5mm。

◆ **季相变化及物候**：花期 5 ～ 7 月，果期 8 ～ 10 月。

◆ **产地及分布**：原产我国河北、山东、山西、河南、陕西、甘肃、四川北部、湖北西部、安徽、江苏、江西；分布于印度、尼泊尔、锡金、不丹和缅甸北部。

◆ **生态习性**：属阳性树种。喜温暖湿润，对土壤要求较不严格，一般肥力中等的土壤，土层深厚、肥沃、疏松、排水良好的土壤均能生长。

◆ **园林用途**：适合孤植、丛植、列植于公园绿地、庭院。

◆ **观赏特性**：树姿优美，果形奇特，为优美的观赏兼食用植物。

◆ **繁殖方法**：种子繁育。一般于春季播种。播种前用 0.5% 的高锰酸钾浸泡 2h 消毒，然后用清水冲洗 2、3 次，再用 40 ～ 50℃的温水浸泡 1 ～ 2 天，晾干后置于温室进行催芽 5 ～ 7 天，每天清洗 1 次，待部分种子露白即可播种。天清洗 1 次，待部分种子露白即可播种。

◆**种植技术**：宜选择土层深厚、肥沃、排水良好、北风向阳的地方生长。种植前先整地，将育苗地上的杂灌木和草全部清除，然后挖定植穴规格 70cm×70cm×70cm，栽植时把苗木放在苗木中央，扶正苗木，分层覆土踩实，做到苗木不窝根，栽植深度至苗木根茎处为宜，然后浇足定根水，覆盖地膜；拐枣生长较慢，一般 5～6 年开始结果，种植期间，及时除草浇水，干旱时及时浇水，一般每年进行 2、3 次；拐枣施肥一般在每年的 3、6、11 月进行，春季 3 月上旬、夏季 5～6 月分别施尿素或磷酸二氢铵 5～10kg / 667m^2，小苗施肥量酌减。冬季 11 月环施腐熟有机肥 500～1000kg / 667m^2 或饼肥 25～50kg / 667m^2。拐枣生命力强、抗病性能好，幼树常见枯病和蚜虫，叶枯病在发病前和发病初用 1:1:400 波尔多液或多菌灵 400 倍液防治。蚜虫危害嫩梢或嫩叶，可用 40% 氧化乐果或 25% 甲氰菊酯 500～1000 倍液喷洒，防治效果好。

滇刺枣（缅枣、酸枣）

Ziziphus mauritiana Lam.

鼠李科（*Rhamnaceae*）枣属（*Ziziphus*）

识别特征

落叶常绿乔木，幼枝被黄灰色密绒毛，小枝被短柔毛，老枝紫红色，有 2 个托叶刺，1 个斜上，另 1 个钩状下弯。单叶互生，叶纸质，卵形、长圆状椭圆形，先端圆形，稀尖，基部近圆形，具细锯齿，基生 3 出脉。花绿黄色，两性，5 基数，二歧聚伞花序。核果长圆形或球形，长 1～1.2cm，直径约 1cm，橙色或红色，成熟时变黑色，基部有宿存的萼筒。

◆**季相变化及物候**：花期 6～8 月，果 9～12 月成熟。

◆**产地及分布**：我国产于四川、广东、广西、云南等地，在福建和台湾有栽培；在斯里兰卡、印度、阿富汗、越南、缅甸、马来西亚、印度尼西亚、澳大利亚及非洲有分布。

◆**生态习性**：滇刺枣为阳性树种，喜热忌霜，喜干忌湿，耐碱好，对土壤要求不严；耐旱和耐瘠薄的能力较强，能在荒山、荒地和乱石中生长良好。

◆**园林用途**：是干旱地区植树造林、绿化荒山的重要树种之一，可作防护林树，宜片植于荒山、坡地旁，也可做园景树，孤植、丛植于草坪或庭院。

◆**观赏特性**：深秋果实橙红色，硕果累累，给人带来金秋丰收的喜悦气氛。

◆**繁殖方法**：以种子和扦插繁育为主。采集充分成熟的滇刺枣果，通过堆积处理使果肉软化，加水搓洗，洗净果肉部分，把果核晾干待播种。播前将晾干的果核用清水浸泡 1～2 天后进行播种。扦插宜在春季进行，插穗主要采集一年生、节间较短、生长充实的发育枝条。

◆**种植技术**：定植应选择雨季的傍晚进行。定植前先按 50cm 见方的规格挖好定植穴，每穴施用土杂肥 25～50kg、三元复合肥 1kg、钙镁磷 1kg 及适量的硼、硫酸镁；对于酸性强的土壤可加入适量石灰粉以中和酸性，定植后，浇透定根水，盖上稻草或薄膜保湿，若遇晴天应每 1～2 天浇水一次，直至成活。新定值的植株成活后，每隔 15 天施一次 1%～2% 的尿素液或腐熟稀薄人粪尿，连施 3 次，以后每隔 30 天左右每株每次施 75～100g 复合肥；二年生以上的成龄树 6～7 月份盛花期前施催花肥，株施复合肥 0.3kg 加尿素 0.1kg；9～10 月幼果期施保果肥，株施复合肥 0.7kg；11～12 月份果实膨大期施钾肥。

三角槭（三角枫）

Acer buergerianum Miq.

槭树科（*Aceraceae*）槭属（*Acer*）

识别特征

　　落叶乔木。叶纸质，基部近于圆形或楔形，外貌椭圆形或倒卵形，长 6～10cm，通常浅 3 裂，裂片向前延伸，稀全缘，中央裂片三角卵形，急尖、锐尖或短渐尖；侧裂片短钝尖或甚小，以至于不发育，裂片边缘通常全缘，稀具少数锯齿；裂片间的凹缺钝尖。花多数常成顶生被短柔毛的伞房花序，直径约 3cm，总花梗长 1.5～2cm；花瓣 5，淡黄色。翅果黄褐色；小坚果特别凸起，直径 6mm；翅与小坚果共长 2～2.5cm，张开成锐角或近于直立。

◆**季相变化及物候**：花期 4 月，果期 8 月，10～11 月叶变黄色至红色。

◆**产地及分布**：原产我国长江中下游各省，山东、广东、台湾等地也有分布。

◆**生态习性**：属弱阳性树种，稍耐荫。喜温暖、湿润环境及中性至酸性土壤。耐寒，较耐水湿，萌芽力强，耐修剪。树系发达，根蘖性强。

◆**园林用途**：可孤植、丛植、群植、片植，常用作园景树、行道树。

◆**观赏特性**：三角枫树姿优美，叶形秀丽，叶端三浅裂，宛如鸭蹼，颇耐观赏。春初新叶初放，清秀翠绿；入秋后，叶色变红，更为悦目。

◆**繁殖方法**：播种繁殖，秋季采种，去翅干藏，至翌年春天在播种前 2 周浸种、混砂催芽后播种，也可当年秋播。一般采用条播，条距 25cm，覆土厚 1.5～2cm。每亩播种量 3～4kg。幼苗出土后要适当遮阴，当年苗高约 60cm。

◆**种植技术**：移栽宜选择光照充足，土层深厚、肥沃的中性至酸性的地势平坦的地方种植。种植前需精耕细作，栽植后浇水，并进行相应的水肥管理。三角枫宜选择深沟高床，结合整地施适量的有机肥。芽苗的移栽宜选择在阴天进行，三角枫苗期生长速度较快。苗木移栽一般选择在秋季落叶后至春季萌动前进行易成活，三角枫根系十分发达，起苗时要注意尽量少伤根，以免影响移栽成活率。

鸡爪槭

Acer palmatum Thunb.

槭树科（*Aceraceae*）槭属（*Acer*）

识别特征

　　落叶乔木。叶外貌圆形，直径 7～10cm，单叶对生，纸质，基部心脏形或近于心脏形稀截形，5～9 掌状分裂，通常 7 裂，裂片长圆卵形或披针形，顶端锐尖或长锐尖，裂片深达叶片直径的 1/2 或 1/3。花紫色，杂性，雄花与两性花同株；萼片 5；花瓣 5。翅果嫩时紫红色，成熟时淡棕黄色。

◆ **季相变化及物候**：花期 4～5 月，果期 9～10 月。

◆ **产地及分布**：产我国山东、河南南部、江苏、浙江、安徽、江西、湖北、湖南、贵州等；朝鲜和日本也有分布。

◆ **生态习性**：喜阴，耐寒耐旱，喜温暖湿润气候，对土壤要求不高，但在肥沃湿润、排水良好的土壤中生长更好。

◆ **园林用途**：可用作行道树、庭院树、公园观赏树和风景林树，无论栽到何处都是美景，常植于溪边、池畔、路隅、墙垣，孤植和丛植皆可。

◆ **观赏特性**：树姿优美，叶形美观，入秋后美艳如花，灿烂如霞，是良好的观叶树种。

◆ **繁殖方法**：可种子繁殖，也可嫁接繁殖。种子繁殖可在 10 月翅果成熟后，采果取种，以随采随播为宜，或湿砂积层贮藏，至次年春季再播。可采取条播形式，可搭棚遮阴防止日灼，浇水防旱，并追施稀薄腐熟的饼肥水，以促进幼苗的生长。嫁接繁殖需以 2～3 年生鸡爪槭作砧木，在春天 3～4 月砧木芽膨大时进行，砧木最好在离地面 50～80cm 处截断进行高接，当年能抽梢长达 50cm 以上。

◆**种植技术**：土层深厚、土壤微酸、肥沃疏松的半阴坡种植。种植前整地，将清除杂草，挖定植穴规格以（50～80）cm×（50～80）cm×（30～50）cm为宜。定植后浇透定根水。每年1、2次除草除杂，并注意水肥管理，如肥料不足，秋季经霜后，追施1、2次氮肥，并适当修剪整形。鸡爪槭的主要病害有褐斑病、白粉病，可喷洒波尔多液或石硫合剂进行防治。虫害主要有刺蛾、蓑蛾及天牛等。

头状四照花

Dendrobenthamia capitata（Wall.）Hutch.

山茱萸科（*Cornaceae*）四照花属（*Dendrobenthamia*）

识别特征

落叶或半常绿小常绿乔木。叶对生，薄革质或革质，长圆椭圆形或长圆披针形，长5.5～11cm，宽2～3.4（4）cm，先端突尖，有时具短尖尾，基部楔形或宽楔形，上面被白色贴生短柔毛，下面密被白色较粗的贴生短柔毛，侧脉4、5对，弓形内弯。头状花序球形，约为100余朵绿色花聚集而成，直径1.2cm。果序扁球形，直径1.5～2.4cm，成熟时紫红色。

◆季相变化及物候：花期5～6月；果期9～10月。

◆产地及分布：产我国浙江南部、湖北西部及广西、四川、贵州、云南、西藏等；印度、尼泊尔及巴基斯坦亦有分布。

◆生态习性：喜光，喜温暖气候和阴湿环境，适生于肥沃而排水良好的砂质土壤。适应性强，能耐一定程度的干旱和瘠薄，耐-15℃低温，但在直射阳光下叶子下垂，生长矮小。

◆园林用途：是庭园、公园绿地美丽的观花观果树种。适宜孤植、丛植于草坪、林缘。

◆观赏特性：树冠宽阔，枝繁叶茂，初夏白花满枝，入秋果实累累。

◆繁殖方法：常用分蘖及扦插法繁殖；也可用种子繁殖。播种繁殖种皮硬，一般播种2年后才能发芽。9～10月果实成熟时，采下堆放，使其后熟，除去果肉杂物，将其浸泡后碾除油皮，再加砂碾去蜡皮，得纯净种子，阴干后即可播种，或用湿砂层积贮藏至翌年春播。在播前15天再用25～30℃温水浸泡催芽；种子有30％左右裂口即可进行条播或点播，条播行距25～30cm，覆土厚度2～3cm，盖草保湿。约2周出苗，揭草后可搭棚遮阴。扦插繁殖一般在秋季进行，剪健壮的1～2年生枝条作播穗，第2年春视情况移植。

◆种植技术：苗期应加强水肥管理，及时浇水，注意松土除草。生长期追肥2次，促进生长。9月中旬拆除荫棚，一年生苗高50cm左右，当年秋季落叶后到次年萌芽前可分床移栽。小苗带宿土，大苗带土球移植成活率高。在春旱地区，需适当浇水。为培养有干树形，在生长过程中。要逐步剪去基部枝条，对中心主枝经短截提高向上生长能力。

柿（朱果、猴枣）

Diospyros kaki Thunb.

柿科（*Ebenaceae*）柿属（*Diospyros*）

识别特征

　　落叶乔木。单叶互生，叶质肥厚，椭圆状卵形或倒卵形，表面深绿色，有光泽，叶背淡绿色，叶全缘。花雌雄异株或同株，花单性，黄白色；雄花集生成聚伞花序生于叶腋；雌花单生于叶腋；花萼钟状，深 4 裂，宿存；花冠钟状，4 裂。浆果卵圆形或扁球形，直径 3 ~ 8cm 不等，成熟后变黄色或橙黄色。

◆ **季相变化及物候**：花期 5 ~ 6 月，果 9 ~ 12 月成熟。

◆ **产地及分布**：原产我国长江流域，现在在辽宁西部、长城一线经甘肃南部，入四川、云南，在此线以南，东至台湾省，各省、区多有栽培。

◆ **生态习性**：柿树是阳性树种，喜温暖湿润气候，阳光充足和深厚、肥沃，排水良好的土壤；较能耐寒，年平均温度在 9℃，绝对低温在 -20℃ 以上的地区均能生长，耐瘠薄，抗旱性强；忌积水，不耐盐碱土。在微酸、微碱性的土壤上均能生长；也很耐潮湿土地。

◆ **园林用途**：广泛应用于城市绿化，可作行道树、公园树、庭荫树，在园林中孤植于草坪或旷地，列植于街道两旁，尤为雄伟壮观；又因其对多种有毒气体抗性较强，较强的吸滞粉尘的能力，常被用于城市道路两旁及工矿区。既适宜于城市绿化，又适于山区自然风景点中配植，是极好的园林结合生产树种。

◆ **观赏特性**：树形优美，叶大，呈浓绿色而有光泽，深秋叶红似火，果实橙黄色，硕果累累，挂满枝头给人们带来金秋丰收的喜悦气象。

◆**繁殖方法**：柿树一般采用嫁接法繁殖，常用的砧木有君迁子（黑枣）、野柿、油柿及老鸦柿等。枝接时期应在树液刚开始流动时为好，南方在2月初为宜；芽接应在生长缓慢时期，从枝上出现花蕾到果实 长成胡桃的期间均可进行芽接。

◆**种植技术**：宜选择土壤疏松、肥力较高的地块种植。11月上旬深耕细耙，做成深沟高床，床宽120cm、高25cm。每亩施厩肥4000kg、过磷酸钙200kg、火烧土2000kg作基肥；再用硫酸亚铁15kg、3%呋喃。定植可在深秋或春季，定植后应在休眠期施基肥，在萌芽期、果实发育期和花芽分化期施追肥，并适当灌溉，避免干旱。如盛夏时久旱不雨则会引起落果，但在夏秋季果实正在发育时期如果雨水过多则会使枝叶徒长，有碍花芽形成，也不利果实生长。

傣柿

Diospyros kerrii Craib

柿科（*Ebenaceae*）柿属（*Diospyros*）

识别特征

落叶乔木。嫩枝、冬芽、中脉下面、叶柄、花萼两面、果柄等处都有锈色粗伏毛。叶长4～10.5cm，宽2～4cm，单叶互生，硬纸质，披针形或长圆披针形，顶端渐尖，基部楔形或宽楔形，侧脉每边约8条，斜向上弯生。浆果生新枝下部，单生，腋生，球形，宿存花萼深4裂，外面的毛较密，裂片披针形，顶端急尖。

◆**季相变化及物候**：花期 3～4 月，果期 10～11 月。

◆**产地及分布**：产我国云南（西双版纳小勐养和景洪），分布于云南滇南地区。

◆**生态习性**：喜光，喜温暖湿润气候，不耐寒，对土壤要求不高，但在土层深厚、排水好的微酸土壤中生长更好。

◆**园林用途**：可用作行道树、庭荫树，园景树，列植和孤植皆可。

◆**观赏特性**：连年结果，初秋时绿叶黄果相映，深秋叶色转红，满树红艳，是良好的观果树种，冬天果实满枝，很有观赏价值。

◆**繁殖方法**：种子繁殖。果实成熟后采种，用石灰水浸泡后，洗净晾干，砂藏。种子经过一个冬季的贮藏催芽，3 月份播种。嫁接繁殖。通常用君迁子和野柿做砧木。

◆**种植技术**：宜选择光照充足，土层深厚、排水好的微酸土壤中种植。种植前整地，将育苗地上的杂灌木和草全部清除，挖定植穴。规格 80cm×80cm×60cm 为宜。浇透定根水，栽后每年松土除草 1、2 次。

君迁子（黑枣、野柿子、牛奶柿、软枣）

Diospyros lotus L.

柿科（*Ebenaceae*）柿属（*Diospyros*）

-**识别特征**-

落叶乔木，高 5～10m。树皮灰黑色或灰褐色，深裂成方块状；幼枝灰绿色，有短柔毛。单叶互生；叶柄长 5～25mm；叶椭圆形至长圆形，长 6～12cm，宽 3-6cm；表面密生柔毛，后脱落，背面灰色或苍白色，脉上有柔毛。花单性，雌雄异株，簇生于叶腋；花淡黄色至淡红色；雄花 1～3 朵腋生，近无梗；花萼钟形，4 裂，裂片卵形，密生柔毛；花冠壶形，4 裂，裂片反曲，边缘有睫毛，雄蕊 16 枚，子房退化；雌花单生，几无梗；退化雄蕊 8，花柱 4。浆果近球形至椭圆形，初熟时淡黄色，后则变为蓝黑色，被白蜡质。

◆ **季相变化及物候**：花期 4～5 月。果期 10～11 月。

◆ **产地及分布**：分布于云南、贵州、四川、辽宁、河北、山东、陕西等地区。野生于山坡、谷地、灌丛或路边。分布海拔 600～2200m。

◆ **生态习性**：喜光，耐半荫，耐寒，耐旱、耐湿性强。喜肥沃深厚土壤，但对瘠薄土、中等碱性土及石灰质土有一定的忍耐力。对二氧化硫抗性强。

◆ **园林用途**：适于公园绿地、庭院中孤植或公园绿地中成片种植，也适于风景区应用。

◆ **观赏特性**：树干挺直，树冠圆整，小枝纤柔，树形潇洒优美，秋季果实累累不容易脱落，是观叶观果俱佳的果树，夏可遮荫纳凉，入秋碧叶黄果，鲜丽悦目。

◆ **繁殖方法**：可在 10 月中下旬采收成熟果实，搓去果肉，洗净种子，稍阴干砂藏为宜，翌春播种，干藏的种子播种前应浸种 1～2 日，播种量一般每 7.5～10kg/667m^2，可产苗大约 2 万株。

◆ **种植技术**：按行距为 2m 挖定植沟，宽、深度为 100cm ×80cm。填沟时表土掺入有机肥后填入底层。选择根系完好、无病虫、无损伤的健壮实生苗进行定植。栽后及时浇 1 次透水。每年秋末对土壤扩沟改土，将表层混合有机肥填入沟底，每株施入 50kg 的家畜粪肥和 1kg 硝酸磷复合肥。春季萌芽前灌水后松土 1 次。

大花野茉莉

Styrax grandiflorus Griff.

安息香科（*Styracaceae*）安息香属（*Styrax*）

识别特征

　　落叶乔木。叶长 4～12cm，宽 2.5～5cm，单叶互生，纸质或近革质，椭圆形、长椭圆形或卵状长圆形，顶端急尖，基部楔形或阔楔形，边近全缘或有时上部具疏离锯齿，两面均被稀疏星状短柔毛；叶柄长 5～7mm，疏被星状短柔毛。总状花序顶生，有花 3～9 朵，长 3～4cm，有时 1～2 花生于下部叶腋；花序梗和小苞片密被黄褐色星状柔毛；花白色；花梗密被灰黄色星状绒毛和黄褐色稀疏星状柔毛。果实卵形，长 1～1.5cm，直径 8～10mm，顶端具短尖头，密被灰黄色星状绒毛，3 瓣开裂。

◆ **季相变化及物候**：花期 4～6 月，果期 8～11 月。

◆ **产地及分布**：产我国西藏、云南（陇川、昆明、富宁一线以南）、贵州、广西、广东和台湾；锡金、不丹、印度、缅甸和菲律宾也有分布。

◆ **生态习性**：喜光，稍耐阴，喜温暖湿润气候，耐贫瘠，对土壤要求不高，但在肥沃湿润的土壤中生长更好。

◆ **园林用途**：可用作行道树、庭荫树、园景树，适合列植在道路、庭院中，也可孤植于一角或草坪。

◆ **观赏特性**：树形优美，枝叶繁茂，花繁多，白色，芳香，每逢花开时节，一团团的白色小花垂在枝顶，如同串串风铃；果熟时期，果实成丛垂在枝头，累累硕果惹人喜爱。

◆ **繁殖方法**：种子繁殖。大花野茉莉的果期为 8～10 月，果熟期采种，种子忌日晒，以随采随播为宜，播种前用 60℃热水浸种 24h 即可播种，次年春天即可发芽。

◆ **种植技术**：宜选择光照充足，肥沃湿润的土壤种植。种植前先整地，将育苗地上的杂灌木和草全部清除，然后挖定植穴。株行距以 1.5m×1.5m 为宜，定植穴规格以 40cm×40cm×40cm 为宜。挖好定植穴后，开始栽植前，先回填表土，并配合施基肥。每个定植穴施 15kg 有机肥、1kg 磷肥和 0.5kg 氯化钾。定植后及时浇够定根水，每年中耕除草，每株追施 0.5～1kg 的磷肥。注意及时修剪枝叶，保持树形。

鸡蛋花

Plumeria rubra L.'Acutifolia'

夹竹桃科（*Apocynaceae*）鸡蛋花属（*Plumeria*）

识别特征

　　落叶乔木，具丰富乳汁，绿色，无毛。叶长 20～40cm，宽 7～11cm，单叶互生，厚纸质，长圆状倒披针形或长椭圆形，顶端短渐尖，基部狭楔形，叶面深绿色，叶背浅绿色；侧脉每边 30～40 条，未达叶缘网结成边脉。聚伞花序顶生，长 16～25cm，宽约 15cm；花冠外面白色，花冠内面黄色，。蓇葖果双生，长约 11cm，直径约 1.5cm。

◆**季相变化及物候：**花期 5～10 月，栽培极少结果，果期 7～12 月。

◆**产地及分布：**原产墨西哥；我国广东、广西、云南（各地）、福建等省区有栽培，在云南南部山中有野生的。

◆**生态习性**：喜光、畏寒，喜高温高湿气候，耐干旱，喜土层深厚、肥沃、排水性好的酸性土壤。

◆**园林用途**：可用作园景树，可孤植于庭院，房前屋后、丛植、群植与公园绿地、单位、小区，也可丛植于草坪上。

◆**观赏特性**：鸡蛋花因可以炖鸡蛋食用而得名，叶大而优美，花期长，整朵花形似鸡蛋，娇小可爱，且芳香，给人以纯洁、气质高雅的感觉。是美丽的观花树种。

◆**繁殖方法**：扦插繁殖。扦插时间以春季气温回升后为宜。选取较老的粗壮枝做插穗，剪取15cm 左右，在其两端涂抹草木灰杀菌，待伤口干燥后插于苗床中，深度为插穗的 1/3，保持苗床湿润，30 ～ 40 天即可生根。

◆**种植技术**：宜选择光照充足，土层深厚、肥沃的酸性土壤中种植。种植前整地，清除杂草，挖定植穴。规格以 40cm×40cm×40cm 为宜。挖好定植穴后施基肥回土，鸡蛋花对肥料要求不严，化肥、农家肥均可，但要求有机肥必须完全腐熟。定植后要浇足定根水，生长季节每个月追施 1 次有机复合肥，冬季停止施肥。旱季要及时浇水，雨季节注意排水防涝。鸡蛋花不易患病虫害，偶有枯枝病、白粉病和介壳虫病。枯枝病和白粉病防治可喷洒 70% 甲基托布津可湿性粉剂 1000 倍液或代森锰锌 1000 倍液；介壳虫病防治可喷 40% 氧化乐果或敌百虫 1000 倍液。

滇厚壳

Ehretia corylifolia C. H. Wright

紫草科（*Boraginaceae*）厚壳树属（*Ehretia*）（*Plumeria*）

识别特征

落叶小乔木，花序和小枝密生短柔毛。叶卵形或椭圆形，长6～14cm，宽4～8cm，先端尖，基部通常心形，边缘有开展的钝锯齿，上面柔软，被柔毛或稀疏伏毛，下面密生短绒毛。聚伞花序生小枝顶端，呈圆锥状；花冠筒状钟形，白色，芳香。核果红色、黄色或橘红色，核长约7mm，椭圆形或近球形，成熟时分裂为2个具2粒种子的分核。

◆**季相变化及物候**：花期5月，果期6～7月。

◆**产地及分布**：原产我国云南南部、西南部至西北部，四川西南部及贵州。

◆**季相变化及物候**：花期5月，果期6～7月。

◆**产地及分布**：原产我国云南南部、西南部至西北部，四川西南部及贵州。

◆**生态习性**：参照厚壳树，喜光也稍耐阴，喜温暖湿润的气候和深厚肥沃的土壤，耐寒，较耐瘠薄，根系发达，萌蘗性好，耐修剪。

◆**园林用途**：是优良的庭荫树、园景树，行道树，公园绿地，单位小区中孤植、丛植。

◆**观赏特性**：树冠紧凑圆满，枝叶繁茂，春季白花满枝，秋季红果遍树，是美丽的乔木树种。可观花、观果，也可观叶、观树姿。

◆**繁殖方法**：参照厚壳树，当果实变橘红色时采收。采收后去果皮，进行层积。于翌年春季进行催芽、播种。播种量为60～97.5kg/hm2，采用开沟条播法，沟深2～3cm，行距30～40cm。灌足底水，水渗后将种子均匀撒入播种沟内，播后立即覆土，覆土厚度1.5～2cm。播种前应撒药消灭地下害虫。种子发芽率一般在85%左右，播后10天左右开始出苗。当幼苗长

出4～5片真叶时，应及时进行间苗和移栽补缺，留苗密度一般为20cm×30cm。在生长初期的6月中旬应追施1次尿素，施肥量为75kg/hm2。6月下旬至8月上旬每隔15～20天追1次尿素，施肥量为150kg/hm2，施肥应结合浇水进行，浇水后要及时松土、除草。8月上旬以后应停止施氮肥，并减少浇水次数，以促进苗木木质化。秋季自然落叶后可移栽。

◆**种植技术**：参照厚壳树，宜选择栽植的地块应选用排灌方便、土壤通气良好的砂壤土和壤土，pH 5.5～7.5，土层厚度1m以上。起苗时间应根据栽植时间而定，尽量做到随起随栽，一般在秋季苗木自然落叶后至春季苗木萌动前起苗，起苗应做到少伤侧根、须根。以春栽为宜，萌芽前进行，株行距1.0m×1.0m或1.0m×1.2m，后期进行移栽或间伐。挖长、宽、深各不低于60cm的种植穴，栽植前应将表土与少量腐熟有机肥拌匀后施入下层，栽后立即灌水，盖一层细土，有风时加支架。

参考文献

1. 中国科学院昆明植物研究所编著 . 云南植物志 [M]，北京：科学出版社，2003

2. 西南林学院，云南省林业厅编著 . 云南树木图志 [M]，昆明：云南科技出版社，1988

3. 中国科学院昆明植物研究所编著 . 云南种子植物名录 [M]，昆明：云南人民出版社，1984

4. 中国科学院中国植物志编辑委员会编著 . 中国植物志 [M]，北京 . 科学出版社，2004

5. 中国科学院华南植物研究所编著 . 广东植物志 [M]，广州：广东科技出版社，2003

6. 杨小波等编著 . 海南植物志 [M]，北京：科学出版社，2015

7. 中国科学院广西植物研究编著 . 广西植物志 [M]，南宁：广西科学技术出版社，2005

8. 中国科学院植物园研究所编著 . 中国高等植物图鉴 [M]，北京：科学出版社，1987

9. 邓莉兰编著 . 常见树木 -2 南方 [M]，北京，林业出版社 2007

10. 李作文，张连全等编著 . 园林树木 [M]，沈阳：辽宁科学技术出版社，2014

11. 观赏植物栽培大全 [M]. 黄巍，胡志刚 . 观赏植物栽培技术 [M]，崇文书局，2011

12. 江西植物志编委，林英等编著 . 江西植物志 [M]，南昌：江西科学技术出版社，1993

13. 申晓辉主编 . 园林树木学 [M]，重庆：重庆大学出版社，2013

14. 李作文 . 汤天鹏主编 . 中国园林树木 [M]，沈阳：辽宁科学技术出版社，2008

15. 包志毅主译 . 世界园林乔灌木 [M]，北京：中国林业出版社，2004

16. 张天麟编著 . 园林树木 1600 种 [M]，北京：中国建筑工业出版社，2010

17. 傅立国，陈潭清，郎楷永等主编 . 中国高等植物 [M]，昆明：云南人民出版社，1984

18. 刘少宗主编 . 园林树木实用手册 [M]，武汉：华中科技大学出版社，2008

19. 覃海宁 . 刘演主编 . 广西植物名录 [M]，北京：科学出版社，2010

20. 税玉民主编 . 滇东南红河地区种子植物 [M]，昆明：云南科技出版社，2003

21. 王明远，司马永康等 . 观赏植物苦梓含笑的叶部究 [J]. 广东变异研农业科学，2013，40（7）：49-53

22. 顾翠花，张启翔 . 西双版纳紫薇属植物调查研究 [J]. 林业调查规划，2007，32（2）：32-25

23. 周亮，黄自云，黄建平 . 热带植物硬皮榕 [J]. 园林植物，2012，（9）：74-75

24. 中国植物物种信息数据库，http://db.kib.ac.cn/eflora/Default.aspx

25. 中国植物图像库，http://www.plantphoto.cn/